手提式灭菌锅

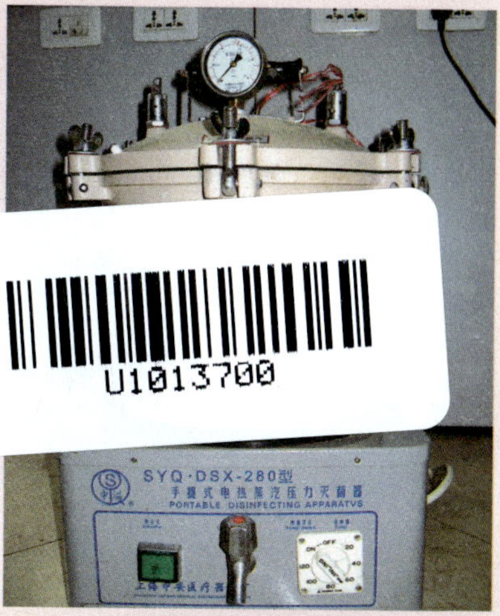

立式自动灭菌锅

人工气候箱

FCF 系列奇风食用菌净化机

卧式灭菌锅

原种转接

菌种发菌

栽培袋发菌

小子实体

金福菇原基

覆土出菇

袋栽出菇

畦床出菇

大面积出菇

金福菇丛（一）

金福菇丛（二）

采收金福菇

金福菇栽培技术

赵荣艳　段　毅　编著

金　盾　出　版　社

内 容 提 要

本书由河南科技学院资源与环境学院赵荣艳和段毅编著。书中系统地介绍了金福菇的基础知识和栽培技术。内容包括:金福菇的概述,生物学特性,生产设施,原辅材料,菌种生产技术,栽培方法,病虫害防治及加工等。文字通俗易懂,实用性可操作性强,可供广大菇农、食用菌经销人员及农业院校相关专业师生阅读参考。

图书在版编目(CIP)数据

金福菇栽培技术/赵荣艳,段毅编著.—北京:金盾出版社,2006.12

ISBN 7-5082-4292-0

Ⅰ.金… Ⅱ.①赵…②段… Ⅲ.食用菌类-蔬菜园艺 Ⅳ.S646

中国版本图书馆CIP数据核字(2006)第108016号

金盾出版社出版、总发行

北京太平路5号(地铁万寿路站往南)

邮政编码:100036 电话:68214039 83219215

传真:68276683 网址:www.jdcbs.cn

彩色印刷:北京百花彩印有限公司

黑白印刷:北京金盾印刷厂

装订:科达装订厂

各地新华书店经销

开本:787×1092 1/32 印张:4.375 彩页:4 字数:90千字

2006年12月第1版第1次印刷

印数:1—11000册 定价:5.50元

前　言

金福菇，又称白色松茸、巨大口蘑等。其子实体硕大，味甜而鲜美，有突出菇香，口感极佳，而且耐贮性好，适于鲜销和干制。

金福菇属出口菇类，在国际市场特别是东南亚地区是一种深受消费者青睐的高品位名优食用菌。在我国广州市场上，鲜品每千克售价高达40元，很受消费者欢迎，市场发展潜力很大。

金福菇还是高温型菌类，适合夏季出菇，可以弥补夏季蔬菜市场上鲜品菇类供应的不足。因此，金福菇的栽培已引起了食用菌业界的关注。我国著名的食用菌专家黄年来先生认为，在近几年内，金福菇将成为我国食用菌业中新崛起的主导产品。

本书在编写过程中得到了河南科技学院领导的大力支持，还得到了福建省南靖嘉田木耳开发公司杨加金经理、浙江省永康市食用菌研究所李汝芳所长、福建省龙海市九湖食用菌研究所涂改临所长和河南科技学院王振河副教授的支持和提供照片，在此表示衷心感谢。同时引用了许多学者在杂志和有关专著中的资料及照片，一般注明了出处，如有疏漏敬请原谅。并向原作者表示谢意。

由于作者水平有限，错误和欠缺之处在所难免，恳请读者指正。读者在阅读本书时遇到问题，可以向作者询问，以共同推动金福菇生产的发展。作者电话：13323804802（段毅）。

编著者

2006年7月

目　录

一、概　述

金福菇 *Fricholoma lobayense* Heim. =*Fricholoma gigamteum* Massee.，中文有很多文献名称：《中国食用菌志》称为洛巴(伊)口蘑，《中国大型真菌原色图鉴》称为大口蘑，《中国大型真菌》称为大白口蘑，《国外食用菌》称为裂片口蘑。

金福菇原为台湾地区商品名称，现已成为我国其商品通用名称。

由于金福菇是出口菇类，为了便于出口，介绍其外国名称：英文名为 Lobayen Tricholoma，意为裂片口蘑，指本种菌盖在成熟后常裂开。在日本有以“白色松茸”商品名称上市的，也有以“仁王占地”为其商品名称的，“仁王”是日语的哼哈二将，可引申为“巨大的”之义，“占地”为口蘑类，其意亦为“大口蘑”。在盛产金福菇的印度曼尼普尔邦(Manipar)，当地称之为 Khonganang Chengum。

(一)金福菇概述

1. 金福菇的分类地位

金福菇在生物中的分类地位，按最新的分类系统，隶属于真菌界、担子菌亚门、层菌纲、无隔担子菌亚纲、伞菌目、白蘑科、口蘑属(又称耳蘑属)。

需要指出的是，有些人认为金福菇和大白桩菇[*Leucopaxillus giganteus*(Fr.)Sing.]是同物异名，这种观点是不正确的，大白桩菇属于桩菇属[*Leucopaxillus*]，两者无论是在形态和生态方面都有很大区别。

2. 金福菇的经济价值

金福菇子实体硕大，菌肉肥厚白嫩，食味微甜而鲜美，清香爽口，口感极佳，有突出菇香，营养丰富，且耐贮性好，在10℃温度下，保鲜期可达 1 个月而色味不变，适于干制或鲜销，是畅销国内外市场的名优食用菌。

金福菇经济价值较高。2003 年上半年，国内市场收购价最高的是沿海地区：白色金福菇为 120 元/千克（干品），金褐色金福菇为 60 元/千克（干品）。在广州市场，金福菇鲜品售价高达 40 元/千克，很受消费者欢迎。

由此可见，金福菇具有很大的开发推广价值。无论是大田或菇棚栽培生产，都具有理想的经济效果和社会效果。特别受到食用菌界的关注。

3. 栽培状况

1970 年，法国真菌学家海姆（Heim）首先在非洲发现金福菇，并命名为"巨大口蘑"。

1982 年，印度人查卡拉瓦蒂（Chakravarty. D. K. ）等，以及印度园艺研究所的吉里伽（Girija. G. ）等（1990 年）报道，金福菇盛产于夏季，口味鲜美，价格较高，因而对其驯化栽培工作引起重视，并用稻草基质首次人工栽培成功。但由于原料预处理方法不科学，产量不高。

1991 年，印度人岗尼山（Ganeshan. G. ）报道了用稻草覆土栽培金福菇的新方法，指出金福菇适于干制，有栽培前景，并有在双孢蘑菇堆肥上栽培的可能。

迪瓦(Dadwal)等也报道,金福菇可以在大麦粉合成堆肥上形成子实体。

此后,金福菇的人工栽培研究在亚洲其他国家和地区有了新的进展。

1992 年秋季,卯晓岚首次在我国香港中文大学校园中凤凰木[*Delonix regia*(Boj.)Raf.]树桩边的草地上采到了簇生的金福菇标本。

20 世纪末,在我国台湾地区和日本已用野生菌株驯化栽培成功,并各自以“金福菇”和“仁王占地”的商品名进入小批量实用性商业栽培生产阶段。

2001 年,我国湖北省易文林等报道,利用从我国台湾地区和日本引入的菌株和分离的野生菌株进行栽培试验和改进栽培技术后,生物学效率已经接近侧耳类平均生产水平(70%)的效果。

2002 年 5 月,福建省陈成弟也报道了利用室内空房、室外冬闲田、菜园及果园露地栽培金福菇技术。

2003 年,福建省江业明报道了利用废菌料栽培金福菇技术,应用大田及菇棚生产,生物学效率可达 80%～100%,取得了较理想的经济效果。

2004 年,福建省王增术报道了金福菇菌种培养基对比试验初报的结果。

目前,金福菇的栽培生产在我国华南地区已经开始了规模化栽培,在华中和华北地区的栽培正处于推广阶段。

(二)口蘑属真菌简介

口蘑属是白蘑科中的一个大属,目前全世界已知的接近

100 种，分布在广阔的森林和草原上，从热带至温带，显示出口蘑属真菌的多样生态性。

过去人们认为，口蘑属真菌差不多都是人工栽培比较困难的菌根菌。例如，日本仅对松口蘑的人工栽培研究就有近 100 年的历史，但至今仍然停留在半人工栽培状态，完全人工栽培的技术至今有待突破。但近 50 年以来，我国和许多国家和地区都不断地有口蘑属真菌人工栽培成功的报道，例如蒙古口蘑和金福菇等。

口蘑属真菌绝大多数均可食用，仅我国有记录的可食口蘑即达 21 种以上，其中有许多是著名的野生食用菌珍品，如松口蘑、蒙古口蘑、油口蘑、香杏口蘑、淡白口蘑、白棕口蘑、球根口蘑、丛生口蘑、鳞盖口蘑、紫盖口蘑、灰口蘑、粗壮口蘑、雕纹口蘑、紫晶口蘑、黄绿口蘑、密环口蘑、红橙口蘑、赭红口蘑、黄褶口蘑、泽勒氏口蘑等。

口蘑是国内外都极为关注的珍贵食用菌。目前，全球每年口蘑类食用菌产量约 100 万吨以上。

1. 松口蘑

松口蘑，又称松茸、松蕈、松菌、大脚菇、松蘑、山鸡纵和一脚踹等（图 1-1）。

松口蘑菌肉肥厚、香气浓郁、风味极佳，因而被视为食用菌珍品，尤其受到欧洲和日本人推崇，被誉为是“蘑菇之王”，它含有丰富的维生素 B_1、维生素 B_2 和维生素 C 等，还具有益肠健胃、理气化痰及止痛驱虫之功效。松口蘑一

图 1-1 松口蘑

直是食品中的上等名菜。由于日本国内产量不足，开始大量进口，因而其价格也不断上涨，仅从中国的年进口量就在 1 500 吨以上。20 世纪 80 年代，在国际市场上，松口蘑的售价每吨鲜品高达3 万～5 万美元。1997 年，仅我国云南省的松口蘑出口就创外汇4 000万美元，成为云南省的第四创汇项目。

松口蘑在我国东北地区主要分布于松林中，在云南等地区主要分布于松林和栎树等的混交林中，与松树根系形成共生关系的菌根，云南等地一般每年 8～9 月份为出菇旺季，吉林等地一般 8 月中旬为盛产期，可形成蘑菇圈。

日本对松口蘑的培育虽然经过了近百年的研究，是松口蘑的主要生产国。但是直到今天，仍然不能完全人工栽培，而只能采用半人工栽培的方式，如人工培养感染菌的方法进行栽培。

我国食用菌界也对松口蘑的人工栽培进行了多方面的研究。目前，在吉林等地已开始了半人工栽培。由于松口蘑的半人工栽培，只能进行就地保护，而不能大量生产，具有很大的局限性，因此，完全人工栽培松口蘑仍旧是食用菌界科学家的奋斗目标。

2. 蒙古口蘑

蒙古口蘑（*Tricholoma mengolicum*），又称银盘蘑、白蘑、白蘑菇等，未开伞者在河北省称为珍珠蘑。蒙古口蘑其子实体大中型，菌肉肥厚、质地细嫩、香气浓郁、味极鲜美、营养丰富，蛋白质和氨基酸含量都较高，在我国素有“草原明珠”的美称，是我国北方草原盛产的“口蘑”中的最上品（图 1-2）。

图 1-2　蒙古口蘑

蒙古口蘑主产于我国内蒙古、黑龙江、吉林、辽宁、河北等省、自治区，每年夏、秋群生于海拔 600～1 000 米的草原上，形成直径大小不一的蘑菇圈。

目前，对蒙古口蘑的营养生理尚缺乏深入的研究。1936 年，日本人今井氏对蒙古口蘑进行过人工栽培，但未能成功。1939 年，真菌分类学家辛格也认为蒙古口蘑是很重要的食用菌。1985 年起，我国河北省张家口坝上农业科学研究所对蒙古口蘑开始进行生态调查和人工栽培研究，于 1990 年在半地下菇棚采用床式栽培蒙古口蘑获得了成功。1992 年，田绍义等也报道了利用马粪麦草培养料的床架式栽培方法获得成功的消息。

蒙古口蘑目前在河北省已经形成了区域性生产。

3. 雷　蘑

雷蘑又名大白桩菇、巨陡头等，夏、秋季生于草原上。雷蘑以子实体肥大，味道鲜美而驰名，属于口蘑中的青蘑(图 1-3)。

雷蘑的人工栽培技术研究受到人们的极大重视，我国河北坝上地区农业科学研究所、河北省农业大学、河北省山区研究所以及新疆和静县农业技术推广站等单位在 20 世纪 80 年代末就对其进行了人工栽培研究，无论是采用粪草堆肥栽培还是采用棉籽壳和麦秸等均获得了成功。

图 1-3　雷　蘑

4. 香杏口蘑

香杏口蘑[*Tricholoma gan bostum*(Fr.)Gill.]又名口蘑、虎皮香杏、黄皮香杏、水香蘑、白香蘑等,子实体群生或丛生,菌盖半球形至平展,带白色或淡土黄色至浅土红色,边缘内卷,菌根白色或稍带黄色、实心(图 1-4)。

香杏口蘑每年夏、秋季群生于我国河北、内蒙古、黑龙江等地的草原上,国外多生于森林中地上,欧洲与北美洲均有分布。

图 1-4　香杏口蘑　(引自黄年来)

香杏口蘑菌肉肥厚、口味鲜美,芳香、品质最佳,是口蘑中最上品,并有药用价值。1991 年,田绍义等报道栽培成功,其栽培方法与蒙古口蘑基本相同。

5. 棕灰口蘑

棕灰口蘑又称灰蘑、土色口蘑、草蘑、桃花菌等。该菌鲜香、风味较好,野生主产于我国东北地区松林内(图 1-5)。

1990 年,邵作武等人调查认为,在吉林省 67 万公顷松林内,年产量约 368.5～402 吨,东北民间采集盐渍加工后出口到日本等国。

1993 年,关改平等在陕西省凤县对棕灰口蘑进行调查,认为它是低温型菌类,并详述了其生态环境。

1994 年，钟以举等也进行了棕灰口蘑的生态调查研究，并进行了人工分离培养，但未能栽培成功。

图 1-5　棕灰口蘑　（引自陈士瑜）

二、金福菇的生物学特性

（一）金福菇的形态特征

金福菇子实体由菌盖、菌褶、菌柄等组成。子实体丛生或簇生、大型、雪白色或金褐色。

图 2-1　金福菇（引自黄年来）

菌盖宽 6～32 厘米，初期表面呈半球形或扁半球形凸起，此后边缘渐渐展平或中部稍下凹，中心有光滑的鳞片；菌盖表面污白色至象牙白色、浅奶油色、洁白色或浅金色，成熟后色变暗，平滑或稍粗糙，微黏，上被茸毛，并沾有一层白色菌丝；菌盖边缘初向内卷曲，老时呈波状，有时稍上卷，表皮易碎。菌肉白色，肉厚、坚韧、致密，微具淀粉味。菌褶直立或近弯生，短，向下生长，密，不等长；菌褶边缘波状，淡黄白色；褶髓有规律，由平行的薄壁菌丝组成。菌柄幼时基部明显膨大呈瓶状，长 3～45 厘米，粗 0.7～4.6 厘米，纤维疏松，中生或偏生，光滑，呈圆锥形，上细下粗，略弯曲，基部往往连接成丛，表面与菌盖同色，上被纤毛及纤维状条纹，内实，纤维质，有一个实心的亚鳞茎状基柄，无菌环和菌托。孢子宽椭圆形至卵圆形，淡黄色至无色透明，3.5～5 微米×4～6 微米；孢子印乳白色或白色。

（二）金福菇的自然分布规律

金福菇原是一种热带真菌，产于北半球热带地区。我国自然分布于福建、云南、香港、台湾等华南地区。在国外的非洲、南亚次大陆的孟加拉国、印度的曼尼普尔邦和西孟加拉邦以及恒河平原广大地区、日本的群马县以南至冲绳县均有不同程度的自然分布，其中，印度是重要产地。

目前已发现的野生金福菇最北分布线达北纬 24.5°。金福菇子实体只发生在高温、高湿的夏季，6～8 月份为盛产期，自然气温在 24℃～32℃时，雨后生于甘蔗园或凤凰木附近的肥沃土壤中以及富含有机质的园地和路旁。

（三）金福菇的人工栽培条件

金福菇的生长发育受内部因素与外部因素的双重控制，是一个统一有机的整体。内部因素是指金福菇自身的遗传特性，外部因素是指能作用于金福菇生理活动的各种环境条件，如培养基含水量、营养、温度、空气、湿度、光照、pH 值、生物和时间因素等。外部因素必须互相恰当配合，金福菇才能正常生长发育。

金福菇人工栽培生产时，某些条件不足或发生变化，就会使金福菇生长不良。因此，栽培生产时，不仅应该创造适合其生长发育的生活条件，还应注意条件的变化和金福菇不同生长发育阶段的要求，随时加以调整，尽可能地人为创造出各个不同发育阶段的最适宜环境条件来满足金福菇生长的要求，才能获得高产、速生、优质的效果。

1. 营养条件

金福菇属于真菌，不含叶绿素，不能进行光合作用，只能依靠菌丝分泌各种菌酶分解利用有机物才能获得物质和能量进行生长发育。因此，它的生长发育直接受培养基的影响。不同的培养基因其营养条件不同，而使金福菇的产量与质量极不相同，栽培时应当选择最佳的培养基。金福菇所需要的培养基的营养条件可以分为碳源、氮源、无机盐和维生素。

(1)碳源 碳源是金福菇最重要的营养物质，有2方面的重要作用：一是构成菌丝细胞中碳素骨架来源的基础；二是金福菇生命活动所需要的能量来源。

金福菇是腐生菌，不能利用碳酸盐和二氧化碳等无机碳化合物，所需要的碳源主要是从分解枯草等天然有机质中获得的，如稻草、棉籽壳、甘蔗渣、麦草、禾本科野草等，其中的纤维素、半纤维素能被金福菇菌丝分泌的纤维素酶、半纤维素酶分解成为葡萄糖、木糖、半乳糖、果糖等，直接为菌丝细胞吸收。根据实际栽培经验：金福菇不能用生料栽培，在发酵料上由于菌丝生长慢，也易失败，而经发酵处理的棉籽壳则是栽培的理想原料，温度适宜的条件下培养一个月即可出菇。由于金福菇分解木质素的能力差，因此在木屑培养基上菌丝生长不良。用纯稻草作培养基的栽培效果也不好，不仅出菇迟，而且产量低，如果温度不适宜，长期不出菇，菌丝消耗营养过多，会造成培养基质塌陷，即“前期不发后期塌”。这说明稻草培养料理化性状有缺陷，使金福菇的营养环境和产量受到不良影响，麦草的情况与此基本类似。

(2)氮源 氮元素也是金福菇菌体细胞的重要组成元素，是构成金福菇细胞蛋白质、核酸、酶和细胞质的主要原料，在细胞的生理活动中起着重要的作用。

人工氮源有多种，可以分为有机氮和无机氮 2 大类。目前，由于无机氮添加在培养料中，不仅在高温灭菌时很容易被破坏或挥发掉，而且价格贵、成本高，在实际栽培中很少使用。一般多利用天然的含氮化合物，如米糠、麸皮、玉米粉、豆饼粉、黄豆粉等作为氮元素营养来源。这些农副产品不仅补充了氮素营养和维生素，也是早期辅助的碳素营养，并可诱导产生纤维素酶，加速培养料的分解。添加的麦麸、米糠的加入量以 10%为宜，超过 20%容易造成杂菌污染，而且麦麸和米糠一定要新鲜，陈旧的米糠、麦麸皮中脂肪会呈游离状态，对菌丝有抑制作用。玉米粉、豆饼粉、黄豆粉的用量应控制在 1%～2%，过量的使用，不仅增加开支，加大成本，而且挥发的气体还会对菌丝产生抑制作用，严重的甚至会造成菌丝的萎缩死亡。

(3)无机盐 无机盐是构成细胞的组成部分，可以调节细胞新陈代谢和渗透压，调节 pH 值等，无机盐的需要量虽然不大，但却是不可缺少的物质，主要有硫、磷、钾、镁、钙等元素。

无机盐根据金福菇生长发育需要量的大小分为大量元素(常量元素)和微量元素(痕量元素)2 大类。

大量元素有磷、硫、钾、镁、钙等。磷元素是组成核酸、蛋白质的重要元素，对金福菇的生长发育有着重要作用。磷酸盐是重要的缓冲剂。磷是菌丝一些酶的激活剂，镁是使正常代谢和酶活化的元素，一般以硫酸镁形式添加。钾是酶的激活剂，钙则可以调节培养基的酸碱度，增加子实体重量。

微量元素有铁、钴、锰、铜、锌、钼等。微量元素或是构成酶的成分，或是酶的激活剂，对金福菇的生长发育有重要作用，但是需求量很少，除特殊要求外，一般培养基的化合物或普通水中即含有，不必另外添加补充，添加多了反而易致生长不良。

各种物质比例对金福菇的生长影响很大，栽培时，一定要严格依照比例准确称量，不得随意增加或减少（做试验时例外）。

(4) 生长因子 生长因子是指对金福菇正常生长发育，不可缺少的而且不能用简单的碳源和氮源进行合成的有机物。生长因子通常需要量很少，但却必不可少，而且需要另外添加补充，除维生素外，也包括嘌呤、嘧啶、激素等物质。

维生素是组成酶的活性基因的成分，具有催化功能，而并不被用作能量和细胞结构物质的来源。在多种维生素中，维生素 B_1（硫胺素）对金福菇生长作用最为重要，金福菇自身不能合成维生素 B_1，需要添加补充，维生素在麦芽糖、酵母、麦麸中含量较多，培养基中如选用这些辅料则不必另外添加。需要注意的是维生素 B_1 在 120℃ 以上即开始分解破坏。因此，高压灭菌时应注意温度不可超过 120℃。

腺嘌呤和胞嘧啶加入培养基中可以促进金福菇菌丝的生长。一些生理活性物质如赤霉素、三十烷醇、吲哚乙酸等对金福菇的生长发育也有促进作用，比如，喷洒 0.5 毫克/千克的三十烷醇可以使金福菇增产。

2. 环境条件

环境条件是指温度、水分、湿度、空气、pH 值、光照和生物因素等，各种环境因素对于金福菇的生长发育都有最适条件，最低和最高限度，在最适条件时，金福菇生长良好，高产优质；超过限度，金福菇不仅不会生长发育，甚至还会导致死亡。

(1)温度　金福菇属于高温生长和恒温出菇的真菌，温度是否适合对金福菇的正常生长发育起着重要作用。金福菇的生长发育只有在一定的温度范围内才能进行。这是因为金福菇的新陈代谢中需要许多酶参加，各种酶都是蛋白质，过高或过低的温度都会使酶的活性降低直至丧失。适合金福菇生长发育的温度范围称为有效温区，它的上限称最高温度，下限称最低温度，在有效温区范围内有一个特别适合金福菇生长发育的温度区域，在此温度区域内，各种酶的活性最佳，金福菇的生长发育速度最佳，此温度区域称为生理最适温度(简称最适温度)。超过最适温度时，酶受高温影响而适应性降低，代谢过程减慢；低于最适温度时，酶的活性也降低，营养物质不易进入细胞，菌丝生长减慢，子实体也不易发生。因此，温度制约着金福菇的生长发育。

金福菇在各个发育阶段对温度的要求均不相同。

①菌丝生长对温度的要求　金福菇菌丝生长的温度范围是15℃～38℃，低于15℃，停止生长，低于4℃，则易于死亡。因此，保藏金福菇菌种的温度应在4℃以上。超过38℃时，菌丝将停止生长，颜色变黄，温度再高时，菌丝严重受伤，变红，直至死亡。因此，菌丝必须避免阳光直射。金福菇菌丝生长的最适温度是27℃～32℃，在此温度范围内菌丝生长速度最快，洁白粗壮。

金福菇菌丝生长速度与温度关系如图2-2所示。

值得注意的是，在测量菌丝发育温度时，要注意气温与菌温的区别。气温是指培养场所空气的温度，菌温是指菌丝生长时的培养料温度，这两个温度是不相同的，由于菌丝生长时进行新陈代谢而产生热量，因此，通常菌温要比气温高出1℃～3℃。

②原基形成对温度的要求　金福菇是恒温出菇型真菌，出菇时不需要温差刺激。因此，必须注意，出菇期间必须保持温度恒定，昼夜温差过大影响出菇，温差大于 5℃时，难以出菇现蕾，一般出菇失败，往往与昼夜温差过大有关。二者关系如图 2-3 所示。

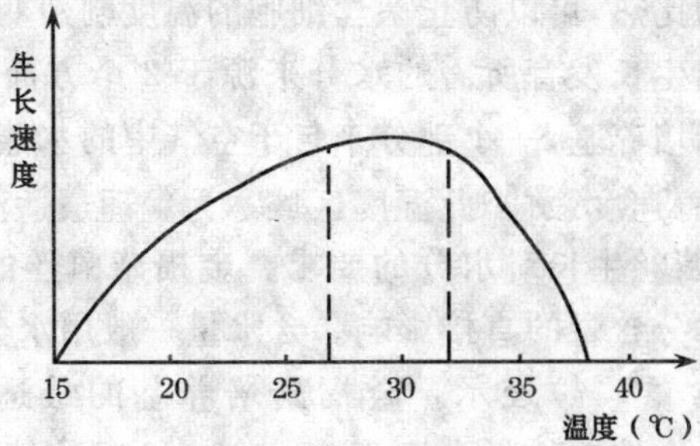

图 2-2　菌丝生长速度与温度的关系示意图

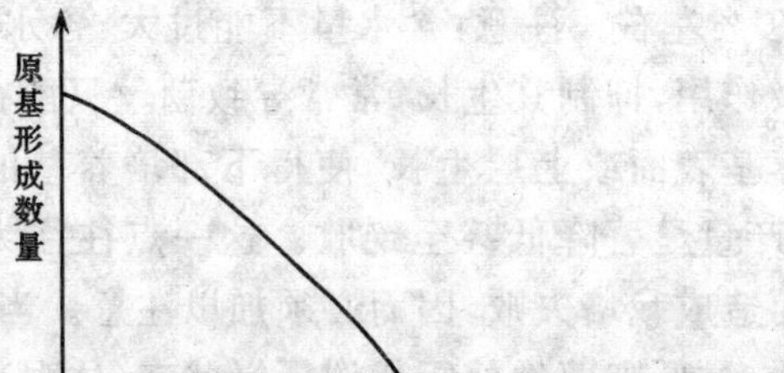

图 2-3　原基形成与温差关系示意图

③子实体生长对温度的要求　子实体形成时，温度范围要在 18℃～30℃，而最适温度为 20℃～28℃；在适温范围内，低温时，子实体生长慢，高温时生长快。过低的温度，不适于金福菇子实体生长，已现蕾出菇的幼菇，如果遇到低于 12℃以下的低温，则停止生长甚至死亡。

(2)水分　水分是金福菇生长发育的关键。水分是构成金福菇菌丝细胞的重要物质，细胞含水量约在90%。水是菌丝细胞正常代谢的基础与溶剂，一切营养物质都只有溶解在水里才能被菌丝细胞吸收。细胞的生理活动只有在水溶液中才能进行，代谢产物也只有溶解在水里才能排出。此外，由于水的较大的比热，可以防止菌丝细胞的温度剧烈变化。

金福菇生长发育所需的水分来源于2个方面，其中绝大部分来自于培养基，一小部分来自于空气中的水蒸气。

①培养基含水量

第一，菌丝生长对水分的要求。金福菇菌丝的生长受合成培养基水分含量的直接影响。含水量一般用水分在培养基中的百分含量(%)表示。金福菇培养基的最适含水量为65%。菌丝在培养料料水比为1∶0.9～2时均能生长，料水比为1∶1.2左右时菌丝生长最快。适于菌丝生长的空气相对湿度在70%左右。注意：含水量不能过大，含水量过大，影响菌丝呼吸作用，抑制其生长，常常导致菌丝只能在含水量较适宜的培养基表面或上层生长，使得下部培养基的营养不能利用，导致产量显著降低甚至绝收。这一点往往为初次栽培者所忽视而造成栽培失败，因而必须加以注意。当然，含水量也不能过低，过低则菌丝处于代谢缓慢状态(休眠)，同样难以生长。

第二，子实体发育对水分的要求。金福菇的子实体生长需要的水分要高于菌丝生长阶段，空气相对湿度应达到85%～95%，若覆土层的含水量较低，空气相对湿度小，菇蕾表面的蒸发量大于子实体的吸水量，就会抑制菌盖发育，形成畸形菇；覆土层如果含水量过高，空气相对湿度过大，子实体可能发生腐烂现象。金福菇栽培培养时，覆土层的水分常常会蒸发减少。因此，培养室应当保持一定的空气相对湿度，通过采取加湿措施，以防止水分的过度蒸发。

②空气相对湿度　金福菇生长要求潮湿的环境，即在一定的湿度条件下生长，通常用空气相对湿度来衡量空气湿度。一定的空气相对湿度影响着培养基水分的蒸发速度。

金福菇在菌丝生长阶段，空气相对湿度应该保持在70%。如果空气相对湿度低于50%，培养基水分会蒸发变干，不利于菌丝生长；如果空气相对湿度超过80%，高温则极易导致杂菌污染。

在子实体发育阶段，空气相对湿度应提高到85%～95%，如果空气相对湿度超过95%，子实体含水量增多，烘干后，子实体表面多皱纹，质量较次，湿度过高，子实体表面会凝成水滴，易发生细菌性斑点病；空气相对湿度低于50%，金福菇停止生长，即使长出小子实体也会脱水而枯萎，如果空气相对湿度大于50%而小于70%，则子实体生长迟缓，产量及质量均下降。

(3)空气　金福菇在不同的发育阶段对氧气的需求和对二氧化碳的耐受能力也不同。它在菌丝生长阶段只需要少量氧气，不需要专门通风；而在子实体分化生长期则需要充足新鲜空气，如果通风不良以至二氧化碳的浓度达到0.5%以上，子实体发育凝滞或生长无力乃至畸形，因此，必须加强通风。

(4)酸碱度(pH值)　培养基的酸碱环境会影响菌丝的细胞的酶活性和吸收金属离子的能力。培养基呈碱性时，镁、钙、锌、铁等离子会生成不溶性盐，影响吸收利用；呈酸性时，维生素 B_1 合成酶的活性会减弱，新陈代谢速度减慢，抑制菌丝生长。金福菇菌丝可以生长的范围较宽，菌丝在pH值2～10范围内均可生长，但最适宜生长的范围pH值为6.5～8。

酸碱度对金福菇人工栽培生产的质量与产量影响极大，应尽量使金福菇在最适宜的 pH 值下生长。为使金福菇稳定生长在最适宜的酸碱环境中，配制培养基时常加入少许石膏粉或石灰等缓冲物质。还需注意的是，有些地区（如山区）水质可能偏碱（pH 值高），在配制培养基时应注意调整配方。

(5)光照 光照对金福菇的不同生长发育阶段有着不同的作用影响。

金福菇孢子的形成与散发必须在有光照的条件下才能进行。孢子在黑暗条件下和有散射光照的条件下都能萌发，而直射光会降低孢子的萌发率，直射光照射时间愈长，孢子萌发率愈低，直至不萌发。

金福菇菌丝生长阶段完全不需要光线，应该在完全黑暗的条件下才能生长良好。有散射光时菌丝的生长速度反而变慢，随着散射光度的加强，生长速度愈来愈慢，而直射太阳光因其中含有紫外线会抑制菌丝生长并可致死菌丝。因此，菌丝培养应在完全黑暗情况下进行。

金福菇原基形成和子实体生长发育需要一定强度的散射光，最适宜的光照度为 200～800 勒。在完全黑暗的情况下，子实体几乎不能形成，但太阳直射光也会杀死子实体而致不能正常生长。

(6)土壤 土壤中富含的有效磷、钾、锌等是金福菇产生的必要条件，金福菇栽培过程中必须覆土，不覆土的金福菇不能出菇。

覆土必须选用保水性能好、透气性好、富含腐殖质的稻田土、菜园土、红土以及人工配制的发酵土、复合营养土等。而且土壤必须在清除石块等杂质及消毒后才能使用。

(7)生物因素 在天然状态下，金福菇的一生中与无数的微生物、虫类生活在一起，此即金福菇生长的生物因素。

金福菇与其他种生物的关系概括起来有 2 种：各种霉菌如：青霉菌、红霉菌、绿霉菌及各种细菌和金福菇是竞争关系；各种害虫如：蚊、蝇、螨、跳虫等和金福菇是取食关系。

人工栽培金福菇对于霉菌和细菌这些杂菌必须采取消灭措施，以防止培养料被这些竞争杂菌分解殆尽；对各种害虫则必须采取杀灭等措施，以保护金福菇能够正常生长。

(8)时间因素 时间因素是指金福菇完成一个生长发育期的时间，通常以生长发育天数来表示。

时间因素通常为大多数人所忽略，其实，时间因素是金福菇栽培生产中的一个重要的参数。在一定的培养条件下，金福菇必须经过一定的时间后才能产生子实体，而这个天数(时间)直接影响栽培经济效益，是衡量金福菇品种优劣的基本参数之一。

时间因素取决于金福菇的品种特性、培养条件和温度、光照。优质的菌种，适当的培养基质和最适培养温度可以缩短出菇天数，光照可以提前出菇，但却会使质量与产量下降。

三、金福菇的生产设施

（一）菌种厂房的设置

1. 布局要求

金福菇菌种对金福菇栽培是否成功十分关键。为了防止杂菌的污染，菌种厂选址时，应当尽可能地按照下列标准去选择场地。

(1)选址标准 交通要方便，水电要齐全，地势较高以防水淹，同时排水无碍，空气新鲜，附近无废水、废气、废渣、垃圾和噪声污染。

(2)远离污染源 场地应当远离酒厂、酱油厂、醋厂等食品工厂；粮食、饲料等仓库；猪场、鸡场等各种养殖场；肉类加工厂、屠宰场等，以防止这些场所孳生的杂菌、蚊蝇、螨类等造成污染源。

2. 建筑要求

建筑的要求是坚固耐用，一般应采用砖石结构、砖瓦结构或钢筋混凝土结构，条件不足者可以采用简易塑料大棚结构。

门窗要求可以密封，并且通风良好，窗上应装有纱窗，门上装有竹帘，以防蚊、蝇等害虫侵入发生为害。窗上安装无色玻璃，以利于光线透入。

墙壁要求坚硬、光滑、平整，上涂刷防水涂料最佳，墙角应砌成圆弧形，以方便冲洗。

地面要求用水泥制作，最好铺上一般可以用水冲洗的地板砖。

3. 房室设计

房室设计必须根据菌种生产流程来安排。菌种生产流程是：

配制培养基→灭菌→接种→育种

房室依次安排为：

原料贮存室→配料室→灭菌室→接种室→菌种培养室

使之首尾相连，形成“一”字形、“L”字形或“凵”字形的生产流水线，以提高生产效率，保证栽培生产的成功。房室有限的，可将几室合为一室，如可以将配料与灭菌合在一室工作。另外，还应设计有值班室、业务室、技术科、晒场及生活设施等，并且注意搞好绿化地带。房室设计示意图如图 3-1 所示。

正规的金福菇菌种生产厂依照设计图建成后，即按照设计的各专门用途的房室进行装修，以达到各自不同的用途要求，并配备各房室专用的相应设备、仪器、工具、药品等，以利于各室的工作。

各专用房室原则上不能混用，并且必须严格按照流水线行排列，以利于严格按照要求和提高生产效率，生产出优质菌种。

各室详细要求如下。

(1)原料室 用于存放棉籽壳、稻草等原料和菌种瓶、菌种袋等材料。要求室内干燥，地面平整，以防原料发生霉变。原料堆放应有序。

(2)配料室 称取原料，拌料装瓶、装袋之地。要求地面平滑耐水洗、排水方便，配备天平、磅秤、拌料器具、湿度计，装备水源。

(3) 灭菌室 培养基灭菌的房室，配备手提式专用高压灭菌锅、家用压力锅、卧式或立式高压灭菌锅或常压灭菌灶等灭菌设备，煤火炉、燃气灶、电炉等热源。设备大小和数量根据生产规模而定。

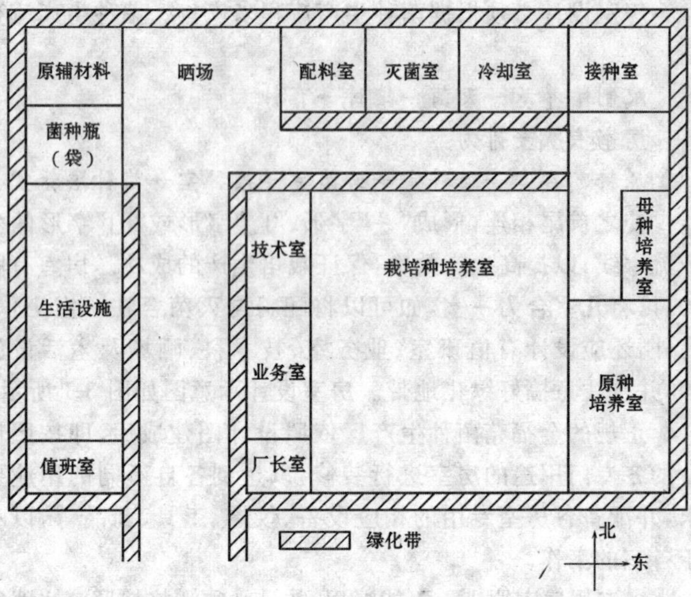

图 3-1 房室设计示意图

(4) 无菌室 也叫接种室，此处进行无菌操作接菌种，标准要高，应能严格密封，面积不宜过大或过小，以面积为5～10平方米，高 2 米为宜，过大导致灭菌成本增高，过小降低生产效率，地面、墙壁应光滑，易于清洗消毒，采用左右推拉门结构，室内配备接种箱或电子灭菌器及超净工作台等接种设备和接种工具、药品，室内应有良好的照明条件，以利于工作。

(5)菌种培养室 菌种培养室分为母种培养室、原种培养室和栽培种培养室。

①结构 用砖石结构、砖瓦结构和钢筋混凝土为佳，条件有限者，栽培种培养室可用简易塑料棚代替。

②规格 母种培养室通常面积较小，以其内可放数个电冰箱即可。原种培养室和栽培种培养室则大小要适中，面积以 20 平方米，高以 2.5 米左右为宜，过高过大均不易控制温度，数量根据生产规模而定，可数间连成一座，安有地窗，以利于通风换气(图 3-2)。

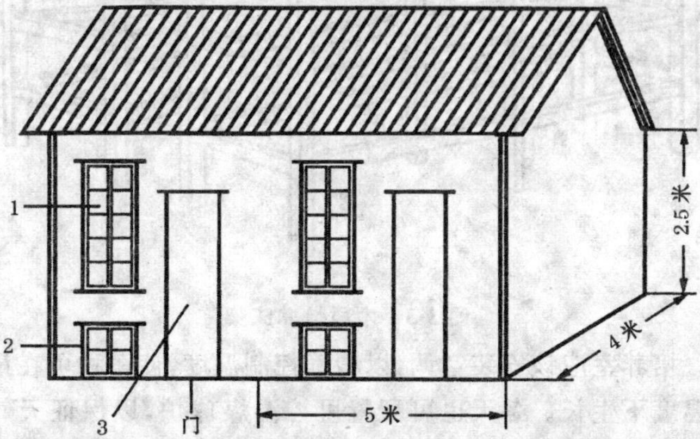

图 3-2 菌种培养室

1. 窗户 2. 地窗 3. 门

③要求 培养室门窗必须关闭严密，安装黑色窗帘，以保持无光黑暗培养，检查时可开日光灯或用手电筒。

寒冷地区为保持适宜温度可安装双层门窗和夹层墙壁，夹层之中填充泡沫塑料、谷壳、木屑等保温材料。

④设备 原种培养室和栽培种培养室主要设备为培养床

架。使用培养床架可以提高空间利用率，培养床架可用木制或铁制，但都应用油漆漆过，以免腐烂缩短使用年限。培养床架层距 50～80 厘米，宽 1.2 米，高 2 米，底层距地 30～40 厘米，距房顶 40 厘米(图 3-3)。

图 3-3 木质培养床架

培养室应该安装空调，以精确控制温度，使菌种可在最适宜温度下生长。冬天也可配置可控温煤球炉，以保证天气寒冷时的温度控制。

有条件最好安装空气净化设备，以彻底杜绝杂菌污染。

(6)实验室 对于引进的或自己培育的菌种、新配方、新技术等进行试验研究的专用房间。正规的菌种厂都应配置实验室。条件实在有限者，可与其他房室合并在一起。

实验室应当配备天平、冰箱、恒温培养箱、高倍生物显微镜、电热干燥箱、温度计、湿度计、接种工具、酒精灯、培养皿、烧瓶、烧杯、量杯、漏斗、吸管等试验仪器与用具。

（二）菌种生产设备

生产设备是栽培任何一种食用、药用菌都必不可少的基本物质前提之一。生产设备的良好与否直接影响着生产效率、劳动强度和经济效益。

因此，栽培生产者在购置设备上不应当过分节省资金，如果要自制一些设备，也要严格按标准规范去制作，并严格按照操作规范去操作，才能取得良好效果。在资金充足后，应更换先进设备，以降低劳动生产强度，提高生产率和经济效益。生产规模较大或资金实力雄厚者，更应采用先进设备，以提高劳动生产率、降低生产成本。

购买生产设备时，要到正规厂家或专业部门去购买，以保证设备质量和生产效果。如果有多种相同功能的生产设备可供选择时，应按照科学、经济、适用和高效的原则来购买。

使用生产设备时，应严格按照生产设备使用说明书和金福菇栽培技术操作要求操作，才能保证生产安全和取得满意的生产效果。

1. 灭菌设备

灭菌工艺是菌种生产成败的一个重要环节。生产中一般采用蒸汽灭菌法，其原理是利用水吸收一定热量后，蒸发出来的饱和蒸汽灭菌。被灭菌的培养基在高温、高湿的饱和蒸汽下受热、受潮，其中的霉菌和细菌等杂菌的菌体蛋白质发生变性，从而杀灭杂菌。饱和蒸汽灭菌的时间与压力和温度有关，高压灭菌的效果高于常压灭菌。相应的，灭菌设备也分为高压灭菌设备和常压灭菌设备 2 大类。

(1)高压灭菌设备

①手提式专用高压灭菌锅　是一个可以密封的、可以压力的双层金属锅(图 3-4)。这种灭菌锅锅底盛水，当水在锅内沸腾而蒸汽不能放出时，锅内压力增高，导致水的沸点与温度升高，超过100℃，有利于迅速灭菌。这种锅的优点是比较轻便、经济，灭菌时间短，节约燃料。灭菌锅内层消毒桶内径为 28 厘米，深 28 厘米，容积 18 升，热源可用电炉、煤球炉、燃气灶等。一般用于母种和原种培养基灭菌。购买时注意用正规厂家的产品，确保质量及使用安全。

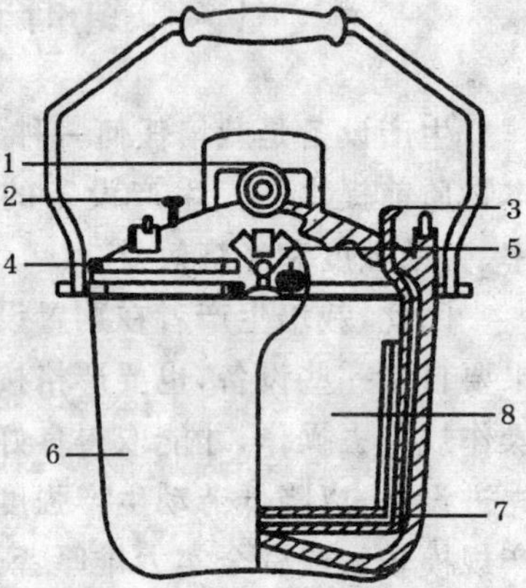

图 3-4　手提式专用高压灭菌锅

1. 气压表　2. 安全阀　3. 放气阀　4. 提手　5. 紧固螺栓　6. 容器　7. 筛架　8. 内膛

使用时详细阅读使用说明书，按操作规程使用，注意如下事项：一是排空冷空气。在升压之前，必须将锅内冷空气排尽，否则高压锅内压力可以达到，但温度则达不到，灭菌效果不能保证；二是安全。安全阀失灵极易导致事故，每次使用前都应检查一次；三是水量。每次使用前都应加适量水，过多易使灭菌物受潮，过少则烧干容易损坏锅。

②普通家用高压锅　即家庭用而非工业专用的高压锅，可以起到和手提式专用高压灭菌锅相同的灭菌效果，只是容积不同而已。

使用方法：加水量接近锅总体积的 1/4，以防止干锅。然后放入一个布满孔洞的搁瓶架，将灭菌瓶放在上面，戴上橡胶圈密封，合上锅盖，将手柄转动到位后，将正中排气阀放开，加热至排气阀口水蒸气直冲时，说明其中空气排尽，如果冷空气不排尽则温度达不到，然后盖上排气阀，自排气阀自动报警泄压时开始计算灭菌时间（此时才达到要求的高压高温），需要1小时45分钟，然后停火，等锅冷却后，慢慢打开排气阀放出水蒸气（如果水蒸气放出过快易使母种或原种的封口棉塞或封口薄膜脱落），然后打开锅盖，取出灭菌瓶。如图3-5所示。

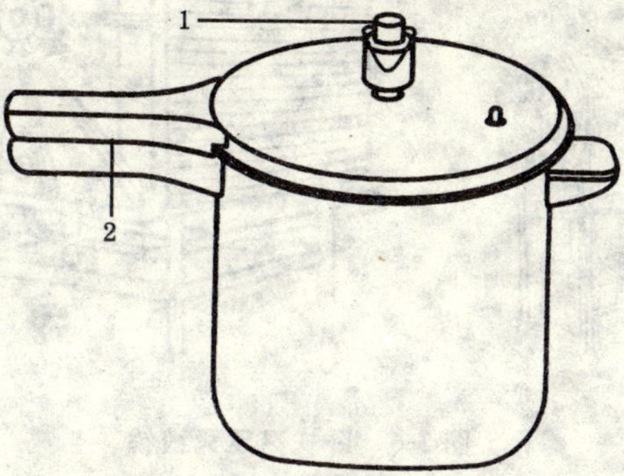

图 3-5　普通家用高压锅

1. 排气阀　2. 手柄

③立式或卧式高压灭菌锅　这类锅灭菌容量大，用于较大规模灭菌用。分为立式与卧式2大类，卧式（图3-6）在放入与取出时较为方便。

此类锅有多种型号，容量也各不相同，可以装500毫升的栽培瓶100瓶、200瓶、500瓶、1 000瓶、2 000瓶等，但其构件组成基本相同：一是外锅里面装水，供发生水蒸气用；二是内锅里面放置灭菌物；三是压力表显示锅里水蒸气压力大小；四是排气阀用于排除锅内冷空气；五是安全阀为确保安全，在锅内蒸气压力超过规定时即自动排气降低压力;六是其他组成配件有支架、橡皮密封垫圈等。灭菌锅使用时应排尽冷空气,锅内留有空气时,锅内的压力与温度见附录表。

图 3-6 卧式高压灭菌锅

1. 筒形灭菌锅 2. 柜形灭菌锅

选购此类锅时应当根据生产量与经济实力而决定购买的型号。此类锅使用方便,灭菌时间短,节约能源和人工。为了保证生产安全,应到持有高压锅炉安全生产许可证的正规厂家购买。

(2)常压蒸汽灭菌设备 此类设备是在常压下用热源将水加热成湿热蒸汽,然后将湿热蒸汽穿透被灭菌物的深处,使被灭菌物保持 100℃ 较长时间,这样以使被灭菌物内所含的或内部孔隙中附着的微生物死亡。目前我国大规模栽培生产袋栽食用菌的常用设备即是此类灭菌设备。此处介绍常用的几种。

①家用蒸笼灶　农村家庭栽培金福菇可以利用家中现有的锅灶进行消毒灭菌。按家中的锅灶配制相适应的蒸笼，叠于锅灶上，另在锅与蒸笼的中间加插一根直径 2 厘米左右的铁管或铝管，要求上端露于锅外约 5 厘米，下端插于锅内最适水位线稍下，如果锅内的水量因蒸发而减少至管口时，锅内的水蒸气则会从管口逸出并发生气鸣声，以提示应该加水了，这时可将经过加热的水从上端管口加入锅内，以防锅内水被烧干而损坏锅（图 3-7）。这种灭菌灶成本低，但浪费燃料，而且灭菌时间长，要在 15 小时以上方能灭菌彻底。

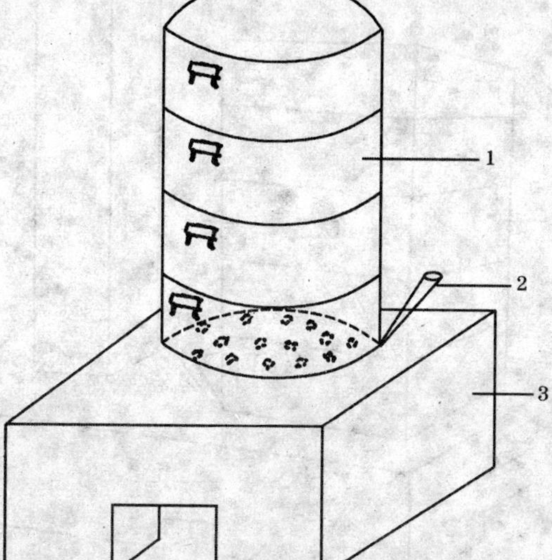

图 3-7　家用蒸笼灶

1. 蒸笼　2. 加水管　3. 灶体

②简易木框灭菌灶　灶体可用砖石、水泥等砌成，灶体长 2.2 米，高 80 厘米，宽 1 米，灶上安放前后 2 口锅，锅直径 80

厘米，灶前设进火口和通风口，后侧用砖砌成 4 米高的烟囱。蒸笼用 3 厘米厚的木板制成木框，每层高为 25 厘米，四边各宽 100 厘米。木框底部用 4 厘米×4 厘米的木条做成栅栏，条距为 4 厘米(图 3-8)。这种灭菌灶优点是成本低，容易建造，可以代替高压锅；缺点是费时，需要水开始沸腾后灭菌 8 小时以上，才能达到完全灭菌的效果，稍费燃料，灭菌期间一般应加 1 次热水(冷水可能激破玻璃瓶)，以防止干锅，致使灭菌失败，损害灭菌锅。

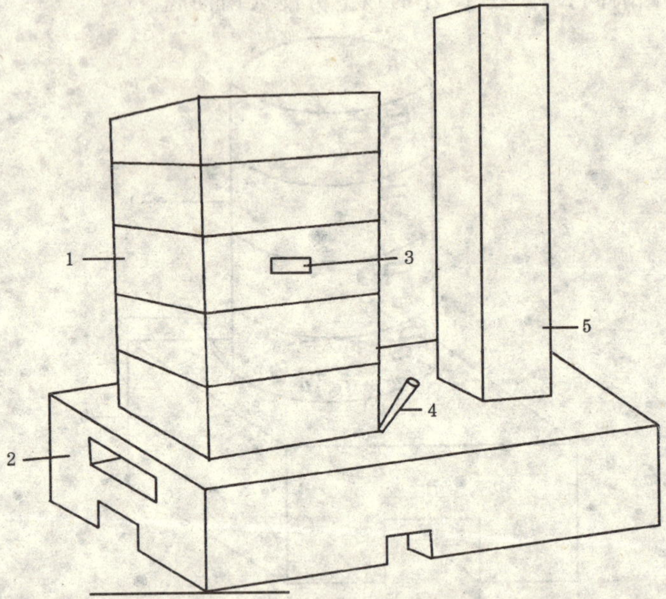

图 3-8 简易木框灭菌灶

1. 木框 2. 炉灶 3. 温度计插孔 4. 加水管 5. 烟囱

③*砖砌专用灭菌灶* 灶体材料用钢筋、水泥和砖砌成。这种灭菌灶密封性能好，一次可灭菌 1 千袋，大面积生产或专

业性栽培时，必须使用此类灶，以适应金福菇生产需要。具体建造参数为：整体灶高 280 厘米，长 210 厘米，宽 120 厘米，分为上下 2 部分。下半部分为灶体，灶体前设通风口，灶体后设烟囱，烟囱高 3 米以上；上半部分为灭菌仓，仓的四壁用砖和水泥砌成 25 厘米厚的仓壁，仓的顶部用砖砌成圆拱形，应用水泥密封良好，仓壁一侧装有一高 120 厘米，宽 90 厘米的木板门，用于装袋进仓时用，靠近门的上缘留有 1 个小孔，以安装温度计用，观察仓内温度情况。灭菌仓的顶部留有 1 个直径 1.5 厘米的通气孔，用以排除灭菌仓内的冷空气，避免仓内冷空气导致仓内温度达不到要求标准。当锅内水气上来之后，通气孔内水蒸气直冲时，再用装沙的袋子压在通气孔上，以密封灭菌仓，使仓内温度升高。灶体安有 2 口铁锅，铁锅上用弯曲金属管伸出仓外，以供观察水位和加热水用，防止烧干锅，金属管下端处于最适水位线稍下，当锅内水位下降后，从管口喷出水蒸气，此时则应加热水。如加冷水会导致锅内水温下降。这种锅灭菌 11～14 小时即可，但要注意平时多观察是否漏气，发生漏气要及时维修（图 3-9）。

2. 接种设备

（1）接种箱 接种箱又叫无菌箱，是一个用木条做成、安装玻璃后的密封式的箱柜（图 3-10）。接种箱由于空间小，可使灭菌彻底，因而接种成品率高，但效率较低，用于小规模接种用。如果接种量大，可以多制备几个接种箱同时进行接种。

接种箱样式很多，常见的有 1 个人操作的单人式和 2 个人操作的双人式 2 种。双人式的操作速度快，接种效率高。

接种箱的制作方法：下部为支架，需牢固；上部为一顶部用薄木板封顶、前后镶有玻璃的倒斗形的容器。单人式在一侧有 2 个操作孔，此侧有可供开启的玻璃窗，以供取放物品、接种工具和操作时观察所用。双人式则两侧均有操作孔和可开启的玻璃窗。操作孔上装有套袖，套袖两端均用橡皮筋封紧袖口。箱体正中顶部安装有 1 支日光灯和 1 个小型氧原子消毒器，整个箱体应密封良好以防杂菌侵入，缝隙处可用石蜡或普通蜡化成液态封住。

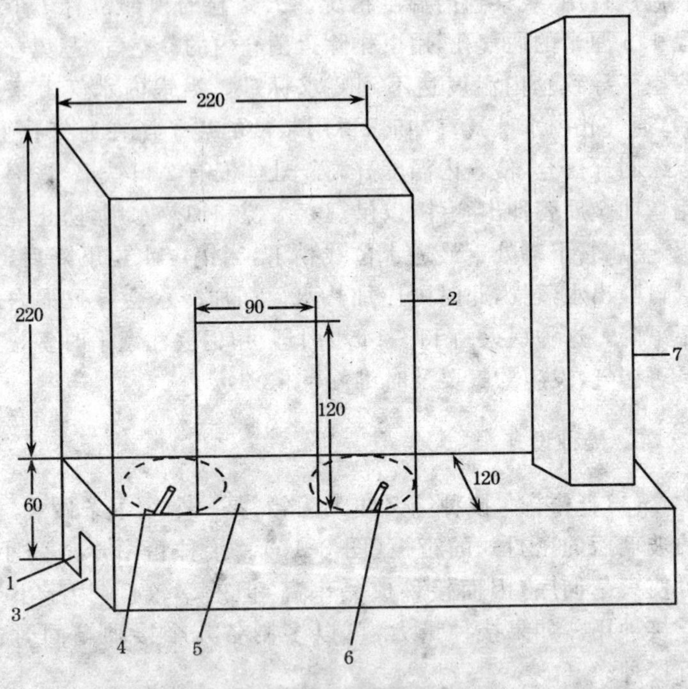

图 3-9　砖砌专用灭菌灶　（单位：厘米）

1. 灶体　2. 灭菌仓　3. 灶门　4. 铁锅　5. 木板门　6. 加水管　7. 烟囱

使用时将玻璃窗开启，将各种物品用具放入后，关上玻璃窗，扎好操作孔套袖口，然后将玻璃窗四周缝隙用胶带封好，开始启用消毒器灭菌，也可用药物灭菌。

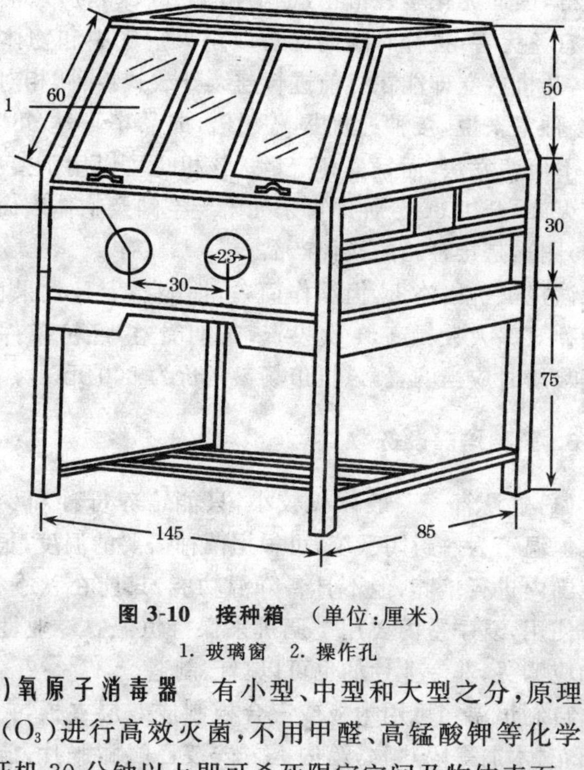

图 3-10　接种箱　（单位：厘米）

1. 玻璃窗　2. 操作孔

(2)氧原子消毒器　有小型、中型和大型之分，原理是利用臭氧(O_3)进行高效灭菌，不用甲醛、高锰酸钾等化学消毒药品，开机 30 分钟以上即可杀死限定空间及物体表面一切杂菌。小型的配合接种箱使用，中型、大型的用于接种室、栽培室的大空间消毒灭菌，可以在室内进行大规模的开放式接种。该机经济实惠、性能优越，为食用菌行业专用，具有使用方便、操作简单、性能稳定、安全可靠、寿命长、耗电少、无药物残留等优点（见彩图），价格分别为 100 元，450 元，1 000 元。

(3) 食用菌接种净化机 原理是利用负离子对室内、物体表面进行消毒灭菌而不用甲醛、高锰酸钾等化学药物和紫外线消毒，因而无化学残留物，也不用臭氧（O_3），所以消毒时对菌种有益无害，接种时瞬间即可以杀灭空气中和物体表面的杂菌，开机后立即能在机前进行连续开放式接种，相对于接种箱、接种室来说，接种速度提高数倍，成品率可达 98%以上，菌丝不但萌发快，而且提高产量。该机也可以用于接种室、培养室灭菌，开机 30 分钟即可杀死限定空间及物体表面的杂菌（见彩图），是接种箱的换代产品。

该机虽价格略贵，但操作简单、性能稳定且效果良好，并且接种效率大大提高，1 次投资，长期受益，经济条件好的大规模栽培时应当购置，该机市场参考价为 800 元。

3. 菌种培养设备

(1) 恒温箱 一般体积较小，只能培养母种和少量原种用。恒温箱为一封闭系统，可根据菌种需要的温度，恒定在一定范围内进行培养，但不具备降温功能，只能在秋季、冬季和春季使用，夏季室内要用空调机来保持恒温。专业性生产菌种的应购买，非专业性的也可以自己制造。

自制恒温箱可用木板或三合板制成双层夹板，夹板内装入棉花、木屑等隔热物，箱内上方安装乙醚膨胀片，能自动调节温度；箱中用木条钉成几层放菌种的格子；箱顶板中央穿孔安 1 套有橡皮圈的温度计；箱底部装几个 100 瓦以上的白炽灯泡，作为加热源，灯泡上串联 1 个温控仪，它可以自动控制温度，保持预设恒温。温控仪在稍大一些的电器商店均有出售，箱子的门上可装 1 块小玻璃供察看。如果箱内干燥，可在底部放一小盆清水加湿(图 3-11)。

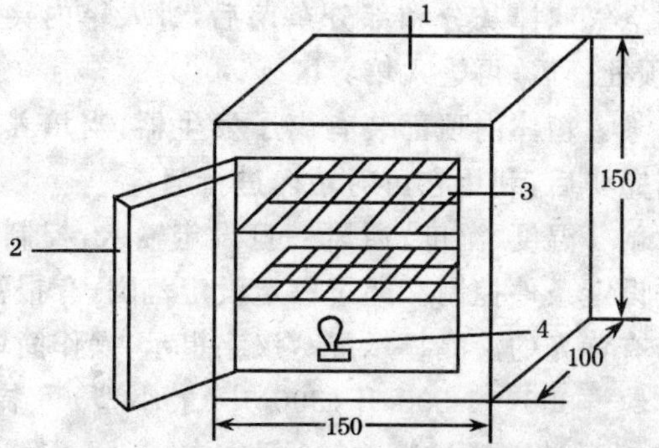

图 3-11 自制恒温箱 (单位:厘米)

1. 温度计 2. 木门 3. 木网架 4. 灯泡

(2)多用途生物培养箱 又名智能出菇箱,是菌业公司最新研制成功的。可以提供各种温度、湿度、空气通风、光照等参数条件,可以满足不同生物繁殖生长条件,广泛地应用于生物、医药、科学研究、农业植物培养等领域。特别是在食用菌领域应用前景广阔。如试管种保藏、试管种扩繁、出菇试验等。该机性能简介如下。

①温度 可设定在 0℃～40℃范围内,控制精度小于 0.5℃,显示分辨精度 0.1℃,温度系统由制冷系统和加热系统组成,无论是设定温度高于或低于外界温度,均可保持自动工作运行,此外为了保持整箱内温度均匀,装有均温循环系统。

②湿度 可设定空气相对湿度为 30%～99%,显示分辨 1%,控制精度±2%。湿度系统由供水系统和雾化系统等组成,雾化系统采用先进的超声波雾化技术,雾滴直径小于 5 微米。

③通风 可设定 10 个通风等级,可根据不同要求选定。

通风系统由空气过滤器、低噪声高芯风机、排气口等组成，进入箱内的空气滤掉灰分和部分杂菌后，进入箱内夹层进行温度、湿度预处理后，再进入培养区。

④消毒　箱体内顶部装有离子发生器，当培养完一批菌种或出菇完毕后，利用它可对箱内进行消毒。

⑤控制　温度、湿度、通风一旦设定输入，控制系统电脑即自动按设定条件控制。超过一定设定范围，有报警提示，显示器是带有背光的液晶显示屏。汉字提示，操作简单易学。

⑥体积　300～1 500 升，300 升（最小型）可装瓶约 100 瓶（750 毫升），装普通试管 1 500 只左右。

⑦支架　装瓶（试管）的支架可任意调整层间高度，以适应不同规格的瓶（试管）。

⑧功率　制冷功率（300 型）127 瓦，加热功率 200 瓦，加湿功率 30 瓦，其他 30 瓦，总输入功率 260 瓦，平均功耗 1.8 千瓦时/日。该箱设计科学、先进，在食用菌行业可用作专用试管保藏箱、试管恒温扩繁箱及出菇试验箱，对金福菇的选育、测产、试验、鉴别有很重要作用，专业的菌种生产厂应该购置（见彩图）。

(3)电冰箱　这是传统的供保藏母种与少量原种及低温试验用的设备。体积大可多放菌种，但不可太满，影响冷气对流，以配置有微电脑自动显示控制温度者为最佳。

(4)空气调节器　俗称空调。夏天由于气温高，冬天由于气温低，为了正常培养金福菇菌种，必须购买空调，以提供适合菌丝生长的适宜温度。空调以窗式为佳，安全且使用方便，但以分体式空调为最佳，可以组成封闭的制冷回路，使培养室与外界完全隔绝，使杂菌不能进入。

空调样式很多，功能不尽相同，制冷体积有大有小，购买时，应当根据自己的情况，因地制宜地去选择最适合的种类。注意空调有单冷式和冷暖双用空调，应选用后者。

(5)加湿器 用于自动加湿的设备，以防止空气干燥，调节空气相对湿度，以适合金福菇在各个不同发育阶段的湿度要求。

(6)燃煤控温炉 该产品分为全自动恒温炉与半自动恒温炉2种，可以在0℃～50℃范围内任意调节温度，省力、省电、省煤。培养金福菇时应当购置。

4. 实验室设备

(1)高倍生物显微镜 用于观察金福菇和其他杂菌的菌丝和孢子的结构。

(2)天平 用于称量各种微小质量的试验材料和样品。

(3)电热干燥箱 用于测定各种物质含水量及其他干燥加热之用。

(4)玻璃温度计 用于测量各处的温度，一般应有1支150℃量程的。

(5)干湿温度计 用于测定培养室等处温度和湿度的变化。

(6)量杯(量筒) 用于量取液体的体积。

(7)棉花 用于蘸取酒精和作棉花塞。

(8)纱布 用于过滤混和液。

(9)酒精灯 用于接种时火焰消毒。

(10)注射器 用于液体菌种接种，宜用大容量的注射器，医用1次性注射器也可。

(11)聚丙烯塑料纸 用于菌种瓶封口。

(12)胶圈 用于菌种瓶封口，可用橡皮筋代替，或用旧自行车内胎剪开使用。

(13)记录本 用于记录每次制种栽培的数据。

(14)烧杯 用于制备培养基。常用的规格为500毫升、1 000毫升等。

(15)接种工具 指分离和移接菌种的专用工具。可以购买,也可以自制。接种时根据接种对象和接种方法而需要不同的接种工具(图3-12)。

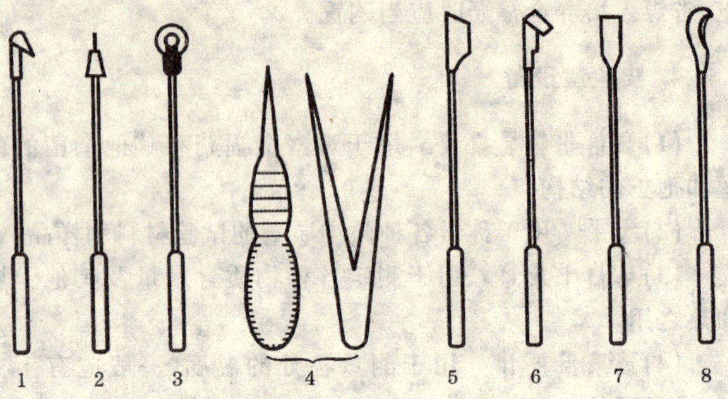

图3-12 接种工具

1. 接种钩 2. 接种针 3. 接种环 4. 镊子 5. 接种刀 6. 接种耙 7. 接种铲 8. 接种匙

①接种钩 用于钩取菌丝。

②接种针 用于挑取菌丝和孢子,可用100瓦废灯泡里的两根合金丝,弯成钩状,针尖磨尖。再用1根铝线敲扁,把针包进去,敲紧不可松动,尾部用塑料套套住即可。

③接种环 用以移动切开的菌块,做法同接种针,只是要弯成直径2~3毫米的圆环。

④镊子 用于镊取移动菌块,可用医用镊子或自制。

⑤接种刀 用于将苗种切割成小块。

⑥接种耙　菌种切开后，用于移取菌种块。

⑦接种铲　用于铲取菌块，用铝线一头敲扁，另一头套上塑料套即成。

⑧接种匙　用以挖取并移动菌块，用铝丝一头打成小匙状即可。

⑨针架　用铁丝做成，用以放置接种工具(图 3-13)。

5. 制种容器

生产母种、原种和栽培种均需要有一定的容器。

(1)试管　用于制作母种，小规格的试管为 18 毫米×180 毫米，大规格的试管为 20 毫米×200 毫米。

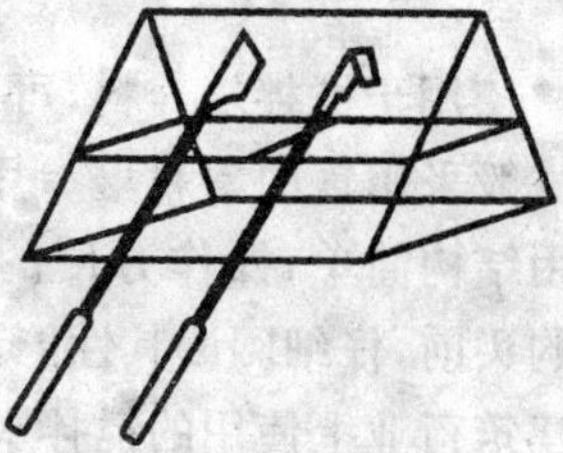

图 3-13　针架

(2)菌种瓶　用于制作原种和栽培瓶。一般应用无色或浅绿色容量 500～750 毫升的透明玻璃瓶或塑料瓶，要求能耐高压、高温。菌种瓶由专业厂家生产，但成本较高，如果购买不便，可以因地制宜，用罐头瓶等类似的广口瓶代替。代替瓶必须用洗衣粉洗净油脂及污物，然后用净水洗净。

(3)菌种袋　菌种袋用于装栽培种，一般有 2 种：聚丙烯和聚乙烯塑料袋，规格有 17 厘米×35 厘米，40～50 厘米×12 厘米等，厚为 0.5 毫米左右。

聚丙烯塑料袋，透明，耐高温、高压(熔点为 165℃)，但不耐低温，易折裂，不耐使用。聚乙烯塑料袋，不太透明(乳白色)，灭菌时不能超过 126℃，不易折裂，因而耐用。

用塑料袋成本低，不易破裂，运输方便，但由于质软、易扎孔，相对于菌种瓶来说易受污染。

（三）机械设备

规模栽培金福菇时，为了提高生产效率，降低生产成本，应当购置采用各种机械设备。

1. 拌料机

用于搅拌培养料，可以大大提高搅拌速度降低劳动强度，一般采用食用菌栽培专用拌料机，此类机械型号很多，应当选用结构简单，操作方便的型号，规格大小依据生产规模而定。购买前，仔细阅读其性能说明，选取实用型的。此外，也可采用建筑行业上使用的搅拌水泥的搅拌机，但注意使用前清除搅拌机中残留的水泥等杂质，以免掺入培养料中，拌料机见彩图。

2. 装袋机

供培养料装袋用。市场上常见的有齿轮装袋机和链条装袋机 2 种类型。有的装袋机还可以装瓶口直径为 28 毫米的玻璃瓶。一般装袋机所装塑料袋规格为 17 厘米×33 厘米，厚 0.05 厘米。购买时注意事项同拌料机（见彩图）。

3. 接种机

传统的接种为手工操作，不仅费时费力、工效低，而且易由于操作不当而致杂菌污染，造成培养袋报废，增加了栽培成本。

近年来有许多食用菌栽培设备专用厂家开发出了多种型号的接种机。使用接种机相对于手工接种而言，通常具有以下的优点。

一是效率高，一般比手工操作提高工效数倍；二是感染率低，菌种接种时处于和外界隔绝状态，因而成品率高于手工操作。接种机生产厂家较多，性能与价格相差也较大，购买时应当货比三家，依据生产规模而选用（见彩图）。

4. 烘干机

烘干机型号较多，规格各异。购买时应当按照下述标准选用：

(1)多功能 应当适应于干燥多种食用菌，一机多用，最为方便、实惠。

(2)干燥快速 干燥速度快，不仅节约燃料而且可使干品形状好，色泽正常。

(3)燃料通用 烘干机应当使用煤炭、干柴均可。

(4)组装简便 成本较低。

(四)栽培生产场地

1. 养菌室

菌种接入培养袋，经过发菌，进入菌丝生长阶段，直至生理成熟，开始生殖生长之前，这个阶段叫养菌。养菌应有专门的养菌室。

为了防止制种时产生的杂菌污染，养菌室应当远离制种场所，并处于制种场所的南面。

养菌室可利用现有房屋、地下室或在地里搭盖简易菇房、塑料大棚等。

如果条件有限，养菌室也可采用简易大棚。简易大棚是采用铝合金等材料为骨架，塑料薄膜等作覆盖物，以形成阴凉、保温、保湿、通风好的空间环境。

简易大棚具有建造快、成本低的优点，形式多种多样，骨架可采用铝合金、塑钢、竹子等材料。顶部可采用 1～2 层塑料薄膜，其上覆盖 3～5 厘米厚的稻草、麦秸等物，以便夏天防止太阳光直射，冬天保持温度。大棚一般长 5～20 米、宽 2～5 米、高 2～3 米，具体面积大小依照生产规模、地形等因素而确定。

简易大棚也可以采用墙壁型塑料棚，不仅坚固耐用，而且造价更低。具体建造方法是：两侧面及后面用砖砌成，也可用气块砖等类似材料建成墙壁，高 2～2.5 米，宽 5～8 米，长 10～40 米，其内用竹子或铝合金作支撑架，上蒙塑料薄膜等覆盖物，墙壁一侧相联一间小屋，以供放置各种器具。大棚内设竹子或用水泥板架设的栽培床架（图 3-14）。

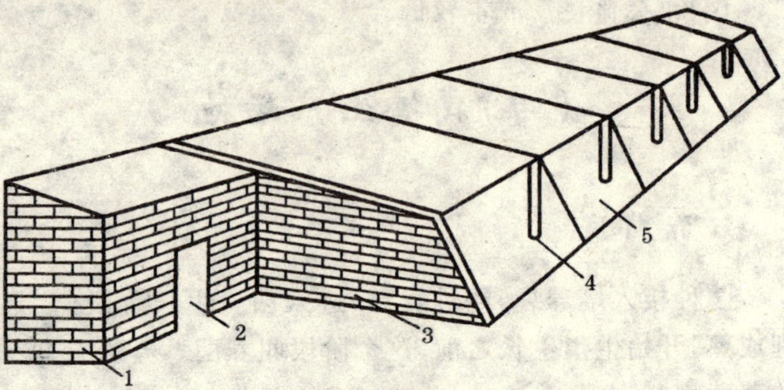

图 3-14　墙壁型塑料棚

1. 器具间　2. 门　3. 墙体　4. 支柱　5. 薄膜

养菌室具体要求如下。

(1) 地势　为了防止积水，地势要高，并且排水方便，而且要坐北朝南，以利于保温。

(2) 面积适当　一般每平方米可排放菌袋 85 袋左右，如果种植 10 000 袋，养菌室就需要 120 平方米左右。为了增加排放面积，可以建造养菌架层。

(3) 消毒 养菌室墙壁四周喷洒来苏儿、福尔马林等药物消毒，地面铺撒石灰粉杀虫。

2. 出菇大棚

出菇大棚是金福菇栽培袋养好菌后脱袋覆土出菇的场地。具体要求如下：

(1) 选址 要求环境清洁、地势平坦、交通方便、靠近水源，并且可避北风，可防寒流、日夜温差很小和土壤透气性好的地方。

(2) 整做菇床 选好址后，便可开沟整做排放金福菇菌袋用的菇床(图 3-15)。床面宽 1.5 米左右，可立放金福菇菌袋 10 筒左右。床的长度依照场地而定，一般为 10 米左右，以方便管理。两床之间设 45 厘米宽的人行道。整做菇床时，应去除石块等杂物，按照设计宽度，整成一畦畦的床面。

图 3-15 菇床平面

1. 菇床 2,3. 人行道

四、原辅材料选择

（一）主要原料

1. 棉籽壳

棉籽壳，又名棉籽皮，是棉籽加工榨油后的副产品，是栽培金福菇的上等原料。棉籽壳中的蛋白质含量达17.6%，比麦麸高6.2%，脂肪含量8.8%，比麦麸高4%，具有营养成分高、质地坚硬、有利于菌丝逐步分解利用，后劲足等特点；而且棉籽壳的碳氮比为79～85∶1，质量稳定，形状大小一致规则，不用粉碎加工，残留有棉花纤维素，颗粒间空隙较大，因此培养料通气性好、十分有利于菌丝生长，取用方便。同时，棉籽壳本身呈碱性，可以抑制霉菌的生长，提高金福菇的产量。

棉籽壳作栽培原料时，要求必须采用无霉烂、无结块、干燥的、经过半发酵处理后的，方可与其他辅料配合使用。金福菇不能用生料栽培，在发酵料上菌丝生长慢，易失败。而且在栽培方式中，袋栽比床栽的产量要高一些。

2. 废菌料

栽培过秀珍菇、茶薪菇、银耳等的废菌料，其中仍含有许多营养物质，晒干后可以用作栽培金福菇的原料，用量可达60%。

使用废菌料栽培时，要求在使用前暴晒3～5天，以杀灭杂菌和害虫，然后和辅料混合后发酵10～15天。

3. 稻　草

稻草是水稻产区栽培金福菇的原料之一。但出菇量相对于棉籽壳来说只有一半左右，生物学效率仅为30%～40%。

稻草含有大量的纤维素、木质素，稻草茎外表蜡质厚，表皮细胞含硅量高，达到干物质量的15%，这些均有碍于金福菇菌丝的定植与分解。因此，稻草的预处理好坏是栽培金福菇能否成功的关键之一。现介绍软化处理方法：把稻草放于沸水中煮30分钟，使稻草变色，软化后捞出即可，此法对杀死杂菌和杂菌孢子效果很好，但只适用于小规模生产。

（二）辅助原料

辅助原料简称辅料，是指金福菇培养料中一部分配合的营养料，如麦麸、米糠、石灰、磷肥、过磷酸钙、石膏、腐殖质土等。

1. 麦　麸

麦麸是金福菇栽培中一种重要的辅助营养料。麦麸中含有粗蛋白11.4%，粗脂肪4.8%，粗纤维8.8%，钙0.15%，磷0.62%。麦麸可分为粗皮、细皮；红皮、白皮等，其营养成分相同，但应该选择红皮、粗皮麦麸，因为这两种透气性好。

购买麦麸时要选用当年加工的新鲜麦麸，如果发生霉变、虫蛀或结块的，则不宜选用，因为其营养成分已经破坏，使用时会导致金福菇产量降低。

2. 米　糠

米糠是金福菇生产的辅料之一，可作麦麸的代用品。米糠的蛋白质和脂肪含量高于麦麸，选用时应选不含谷壳的鲜米糠，因为含谷壳多的粗糠营养成分低，可降低金福菇产量。米糠贮存时宜干燥，以防止潮湿而被螨虫取食。

3. 石灰粉

石灰粉极难溶于水，水溶液呈微碱性，可以提供钙元素，调节培养基酸碱度，防止过酸。在夏天温度较高配制培养基时，加入石灰粉，可以防止培养基偏酸。

4. 石　膏

石膏即硫酸钙，通常为粉状，弱酸性，在培养基配料中的用量为1%～2%，可提供钙元素、硫元素，亦起调节酸碱度的作用，不使过碱。市场上常见的石膏分为食用、医用、工业用和农用4种，价格有较大差距，一般栽培金福菇时，选用农业石膏粉即可，其价格便宜，生熟均可，要求细度为80～100目。但要求纯度高，即色白，在阳光下观察有闪光发亮的为好，如果纯度低，即为灰色或粉红色，阳光下观察无光亮，不能用。

（三）常用消毒与杀虫药剂

1. 表面消毒药剂

表面消毒药剂一般为水溶液，适用于人的皮肤、器皿、工具的表面消毒。

常用的表面消毒药剂有：

(1) 苯酚　又名石炭酸，化学式 C_6H_6O。3%～5%的水溶液可用于器皿表面消毒，但不可用于人的皮肤消毒，有腐蚀性，5%的苯酚溶液可用于喷雾消毒，配制时用 5 毫升苯酚加上净水 95 毫升即可。

(2) 酒精　又名乙醇，化学式 CH_3CH_2OH。无色透明液体，易挥发，易燃烧。70%左右的酒精溶液 5 分钟可杀死细菌营养体，杀菌力最强，因此，可用于皮肤和接种工具的表面消毒。配制时用 95%的酒精 70 毫升加 25 毫升蒸馏水混合即成。

(3) 升汞　又名二氯化汞，化学式 $HgCl_2$。可用于子实体及器具表面消毒，配制时用升汞 2 克，先放入少量酒精中溶解，然后加净水 1 000 毫升配制成 0.2%的溶液使用。

(4) 煤酚皂溶液　又名来苏儿，紫黄色液体，消毒防腐药，用于手、器械和环境消毒。手消毒用 1%～2%溶液，器械和环境消毒用 5%～10%溶液。注意：本品对皮肤和黏膜有腐蚀性，切勿入口。避光、密闭保存。

2. 空间杀菌药剂

空间杀菌药剂，一般为烟雾或气体，通过燃烧或混合熏蒸，可以对特定封闭空间及空间内壁表面的细菌和真菌进行灭菌消毒。

(1) 高锰酸钾　分子式 $KMnO_4$，性质稳定，暗紫色晶状体，强氧化剂，溶于福尔马林，可以产生甲醛气体进行空间灭菌。每立方米用量 1.5～2 克，可消毒防腐。密封保存。

(2) 福尔马林　即含甲醛 37%～41%的水溶液，强刺激性气体，可以杀灭各种微生物，用于接种时接种箱（室）内空间灭菌。使用时将福尔马林和高锰酸钾按 2∶1 的比例混合即成，或者单将福尔马林加热也可。用量为每立方米 8～10 毫升。

(3)碘伏 化学名为四甘氨酸三碘化钾。棕黄色液体，溶于水，为广谱杀菌剂，可杀灭细菌、霉菌、线虫等，用于封闭空间的接种室或接种箱等栽培场所的消毒。使用时喷雾消毒，浓度为 50～300 毫克/升。也可用于器具表面消毒，浓度为 20～200 毫克/升。稀释品放置过久会失效，应随配随用。

(4)硫黄 分子式 S。淡黄色易燃品，燃烧时产生二氧化硫烟雾具有杀灭杂菌的作用，并对金属制品有腐蚀作用，用于栽培场所灭菌。使用时，灭菌场所应保持湿润状态，每立方米用量为 15～16 克。

(5)气雾消毒盒 高效食用菌消毒剂，市售为灰色粉剂。其烟雾无孔不入，全方位渗透力强，可对接种箱、接种室和栽培房等需要灭菌消毒的空间各种杂菌、病毒进行全面灭菌，灭菌有效率达 98%以上。使用方便，点火即燃，即产生灭菌气体，气足烟大。对于食用菌生产中常见的绿霉、根霉、木霉等杂菌有强烈的杀灭作用。每立方米用量 2～4 克，30 分钟就能达到灭菌效果，并且不留残毒，对金属有腐蚀性。该产品有仿制品，“科达”(KEDA)为正品。

3. 拌料杀菌药剂

拌料杀菌药剂，在配制培养基时使用，其用途是杀灭培养基中的细菌和霉菌。

(1)多菌灵 又名棉萎灵，苯并咪唑 44 号，系高效、低毒、广谱、内吸杀菌剂。淡黄色粉末，对于多种杂菌均有防治作用。50%含量的多菌灵按干料的 0.1%加入培养基中，可以防治霉菌。其化学性质稳定，但不能与碱性物质和铜制剂合用，否则易分解。0.2％～0.3％水溶液也能用于木霉菌治疗。其方法是均匀喷洒或注射到感染部位，感染严重的可适当提高浓度。

(2)克霉灵 化学名为二氯异氰尿酸钠，系高效、广谱性杀菌剂，一般为40％可溶性粉剂。用于食用菌栽培，对常见的绿霉、毛霉、曲霉和细菌等杂菌有较强的消灭功能，具有杀灭迅速、持续期长、使用方便等特点。培养基拌料时，每100千克干料用药100～120克，待药物充分溶解后，用喷雾器均匀喷洒于培养料中，堆闷24小时即可装袋。杀灭木霉菌时每50克药物加水20～30升均匀喷洒，或者注射到感染部位，间隔1天，连用2～3次，严重感染的可适当提高浓度。注意事项：一是不能与铜制剂、酸碱性强的农药混用；二是存放于干燥阴凉处，开袋后应封口保存。

(3)克菌丹 纯净物为白色晶体，工业品呈黄棕色。又名开普顿，一般为50％可湿性粉剂，用于培养基拌料杀灭杂菌，浓度为0.2％～0.4％。

4. 杀虫药剂

(1)敌百虫 淡黄色晶状体或粉末，溶于水，在水中逐渐分解失效，有胃毒和触杀作用，可防治许多种害虫，对人毒性不大。

(2)乐果 广谱、高毒、内吸，有机磷杀虫、杀螨剂。有内吸及触杀作用，对人安全，遇碱受热易分解。20％、40％、50％乳油为黄色液体，有蒜臭味。贮藏：阴凉处密封保存。使用方法：喷雾杀死害虫。注意事项：一是不能与碱性药剂混用，以免失效；二是使用时严禁吸烟，施药后用肥皂水洗净手脸；三是高毒农药保管，谨防误服，用时随配随用，久置失效；四是本品为易燃品，贮藏及配药时严禁火种。

(3)敌敌畏(DDV) 一种有机磷杀虫剂，分子式为 $C_4H_7Cl_2O_4P$，化学名称为2-2-二氯乙烯基二甲基磷酸酯。纯净物为无色油状液体，挥发性强，溶于水和一般有机溶剂。具有触杀和胃毒作用，还有杀螨作用。对人、畜毒性中等，使用时要注意安全。对金福菇菌敏感，不能直接使用，一般用于栽培室喷雾，可治螨、蝇、跳虫和蚊等害虫。使用时用80%敌敌畏乳油800倍液喷雾。

(4)除虫菊 高效、低毒菊酯类杀虫剂，杀虫广谱，药效迅速。内含具有清香气味，黄色油状液体，有很强的触杀、胃毒和杀卵作用的除虫菊素，可防治蚊、蝇等多种昆虫，尤其防治对有机磷产生抗性的害虫效果良好，对人、畜安全。有除虫菊粉剂和除虫菊乳油等。使用方法：5%乳油稀释700～1000倍液喷雾，粉剂一般为1%，对水20倍液喷洒。注意事项：一是不能与碱性农药如波尔多液等混合使用；二是对水生生物、蜜蜂、蚕等高毒，不能污染池塘或蜂、蚕饲养场地。

(5)磷化铝 一种高效、广谱、无残留的杀虫剂。使用时熏蒸，磷化铝吸湿分解，释放出杀虫气体磷化氢，使害虫吸收死亡，可以防治蚊、蝇、螨、跳虫等，而且不影响食用菌生长。使用方法：熏蒸的栽培室必须密封。用量为每立方米9克。要戴口罩和乳胶手套，隔一定距离放一纸片，纸片上放3片磷化铝。熏蒸24～48小时，门窗必须封严，不留一丝缝隙，熏蒸后开门窗通风，经30分钟室内无磷化氢时再入内。注意事项：该品为剧毒品，用药后要洗净手脸，药渣应深埋；该品60℃以上易自燃，贮存和运输使用时必须小心，如着火时不可用水来灭火，而必须用沙土压灭火。

(6)辛硫磷 一种高效、低毒、低残留的杀虫剂。防治苍蝇、跳虫、螨类效果良好,有很强的触杀与胃毒作用,使用时将50%的辛硫磷稀释1 000～1 500倍液喷雾于需要使用的房间。

(7)烟碱草 速效杀虫剂,内含烟碱。烟碱有挥发性,无色、无味、油状液体,见光或空气则变褐色并产生强烈刺激性臭味,可防治绝大多数害虫。

(8)食盐 5%的水溶液可防治蛞蝓、蜗牛。

(9)灭蚁灵 专门消灭白蚁的药剂,喷施使用或按照使用书使用。

(10)呋喃丹 消灭白蚁的药剂,一般为粉剂,抛撒使用。

(11)自制白蚁粉 配方为亚砷酸80%,水杨酸15%,氧化铁5%,可杀灭白蚁。

五、金福菇菌种生产

菌种(Spawn)是食用、药用菌科学研究、教学与生产的最基本材料。金福菇菌种是金福菇栽培生产的根本,是金福菇栽培生产取得成功的保证。

菌种生产的目的是生产出优质菌种。优质菌种有2方面标准:一是指菌种本身的特性优良,如高产、优质、生命力强;二是指菌种纯度高,无杂菌、害虫等。优质菌种菌丝生长速度快,从而可抑制杂菌生长,而且优质菌种菌丝的分解和吸收养分能力强,可以使子实体出菇快、品质好、产量高。

实践栽培证明,在相同的生长条件下,优质菌种可比普通菌种增产30%～100%。因此,从生产的利润来说,必须十分注意优质菌种的引进和选育。

(一)优质菌种的选育

1. 优质菌种特征

(1)长速 金福菇的品种在一定的环境条件下有其固定的长速。优质菌种均有正常的相对较快的长速。如果菌种长速明显较慢,则可以认为是退化的劣质菌种。

(2)长相 优质菌种在一定的环境条件下有特定的生长特征,优质菌种肉眼可以观察到的是气生菌丝较多,菌落菌丝体比较厚,菌落边缘整齐,正常情况下无色。

(3)继代遗传均一性 优质菌种进行继代培养后,继代培养种与原菌种在长速和长相上基本一致。

(4)气味 优质菌种有较浓厚的特有的清香气味，劣质菌种则常有各种刺鼻异味。

2. 金福菇菌种选育原理

金福菇的遗传和变异是菌种选育的基础。变异是适应不同的环境需要，变异通过遗传而获得相对稳定。

菌种选育因而有 2 方面内容：一是利用自然或人工方法，促使菌种产生变异；二是要通过选育，把有益的变异遗传下来，培育出高产速生的优质菌种。

3. 自然选育方法

自然选育是结合生产进行的一种育种方法，金福菇容易发生变异，在栽培生产过程中会在群体中发现变异的子实体，这个子实体如果在适合的培养环境中，就会逐渐地显示出它的生长优势，这种没有经过任何人工处理，然后分离出来的选育方法就是自然选育。金福菇的自然选育通常采用生长良好的子实体进行组织分离，这样通常能把优良性状传给后代。

4. 菌种生活条件

菌种的质量受环境因素的影响很大，不良的环境因素会导致菌种退化甚至不能生长。

人工培育菌种，需要根据菌种对营养的需求，合理地配置营养成分，同时满足其所需的生长因素如温度、湿度、光照等生长发育的条件，才能培养出优质菌种。

5. 菌种的分类

金福菇菌种分为母种、原种和栽培种3级。菌种的制作过程，实际上就是金福菇菌种的逐级扩大过程。

(1)母种 由金福菇孢子分离或组织分离获得，经出菇鉴定品质优良、遗传性状稳定的纯菌丝体。一般用试管培养，又是菌种制作第一工序，因此，又叫试管种或一级种。由于其菌丝生长在斜面上，也称斜面种。母种适于菌种保存。自己分离制得或从外单位购买的母种，由于数量有限，无法满足生产，就需要转管，扩大培养，增加数量。为了保证质量，防止菌种退化，母种转接最多不能超过3次。转接的母种称为再生母种。母种的菌丝体比较纤细，分解养料的能力较弱，需要在营养丰富的培养基上培养。

(2)原种 由母种扩大转接到其他固体培养基上的菌种，又称二级种或中间种。培养原种的目的是繁育菌种，使菌丝也逐渐粗壮，分解物质的能力加强。

(3)栽培种 由原种扩大繁殖而成的菌种，又称三级种或生产种。一般用玻璃瓶或塑料袋在固体培养基上培养。现在栽培生产中也有采用液体培养基培养的，这样的菌种即液体菌种。

6. 菌种生产工艺

菌种生产工艺见图5-1。

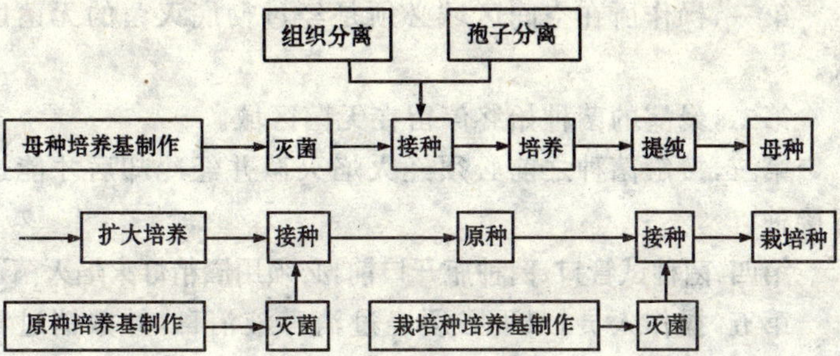

图 5-1　菌种生产工艺图

(二)灭菌消毒与无菌操作

1. 灭菌与消毒

自然界存在有各种微生物,为了培养有益的微生物,消灭有害的微生物,逐渐产生和发展了灭菌和消毒技术。灭菌与消毒不完全一样。灭菌是利用物理或化学方法杀死物体上或密闭环境中的一切微生物及其芽孢和孢子,即彻底杀菌。消毒是杀死物体表面或环境中的部分有害微生物,即非彻底杀菌。

灭菌与消毒是金福菇菌种生产的基本环节,各种培养基配制后,都应立即灭菌后才能接种。制种场所及各种器具,都应进行消毒,保持无菌操作。

2. 无菌操作

无菌操作是一切食用菌菌种生产中最基本的操作技术。无菌操作技术水平的高低直接影响着菌种生产的成败。

无菌操作要求整个操作动作均在无菌状态下进行。具体要求如下。

第一，操作所在空间区域必须是经过彻底灭菌的无菌区域。

第二，暴露的菌种始终停留在无菌区域。

第三，接触菌种之前必须经火焰灭菌并经冷却后才能进行接种。

第四，菌种试管口、菌种瓶开口前，必须用酒精灯火焰灭菌。

第五，操作人员，双手必须经过消毒液消毒，并戴消过毒的口罩。

第六，每次连续接种时间不能过长。

（三）母种分离与培育

1. 培养基配制

母种培养基一般用于母种的分离、提纯、扩大、转管及保存等，通常用试管作为盛装容器，故又称试管斜面培养基，但也有用培养皿或三角瓶作容器的。

(1)配方与制作 这里介绍金福菇常用的几种母种培养基配方和制作方法。

配方一 马铃薯葡萄糖琼脂培养基（PDA）：马铃薯（去皮）200 克，葡萄糖 20 克，琼脂 20 克，水 1 000 毫升。

制作方法：选择新鲜、无病虫害、无烂斑的优质食用马铃薯，洗净去皮，有发芽的要挖净芽眼并削去青皮，切成薄片，称取 200 克，加水 1 000 毫升，煮沸后小火保持沸腾 20～30 分钟，以薯块酥而不烂为度。趁热用 6 层纱布过滤取其滤液。若滤液不足 1 000 毫升，则加水补足。然后将浸水后的琼脂加入马铃薯滤液中，继续用文火加热至全部溶化为止。加热过程中要用筷子不断搅拌，以防溢出和烧焦。然后加入葡萄糖补足水分到1 000毫升搅拌均匀溶化后，趁热装入试管或三角瓶备用。

配方二 马铃薯葡萄糖蛋白胨琼脂培养基(PDA＋蛋白胨)：马铃薯200克，葡萄糖20克，蛋白胨2克，琼脂20克，净水1 000毫升。

制作方法：与配方一基本相似。不同的是，此法是将蛋白胨与葡萄糖一并加入，文火煮溶化后趁热加入试管。

配方三 玉米粉葡萄糖酵母膏琼脂培养基(CMYD)：玉米粉50克，葡萄糖10克，酵母膏10克，琼脂18克，水1 000毫升。

制作方法：把玉米粉加冷水调成糊状，再加清水500毫升，稀释，煮沸20分钟，用纱布过滤取出汁液。另将琼脂加500毫升清水煮沸溶化，尔后加入酵母膏、葡萄糖，搅拌溶化，然后将两液混合，分装入试管。

配方四 麦芽膏酵母膏葡萄糖琼脂培养基(YMDA)：麦芽膏20克，酵母膏1.8克，葡萄糖20克，琼脂18克，净水1 000毫升。

制作方法：量取1 000毫升水倒入铝锅中，加热煮沸后，称取18克琼脂加入，条状琼脂要剪成1～2厘米长的小段，火力要小，要勤搅动，防止溢出和烧焦，待琼脂溶化后，加入麦芽膏、酵母膏、葡萄糖，搅拌均匀。去火后进行定容与调节pH值。

(2)定容与调节pH值 制好的液量如不足1 000毫升可加水补足。当加入的化学药品全部溶化后，用pH试纸检测其pH值，一般pH值应为7，如高于7，可用酸性调节剂食醋或0.1%～0.2%的柠檬酸调低至7；如低于7则用碱性调节剂0.1%～0.2%的氢氧化钠或1%的碳酸钠或碳酸氢钠调高至7。

(3)分装试管 将配制好的培养基趁热(60℃)倒入事先准备好的量杯中,用玻璃漏斗和汤匙分装入试管。试管常用的规格是高度为18～20厘米,口径为18～20毫米,分装试管的设备可用带铁环的铁架。

培养基过凉时,琼脂逐渐凝固,不易流出,故要趁热分装。分装时,小心操作,试管要直立,培养液不可沾于试管口内壁上,以防日后长出杂菌,一旦不慎试管口附近沾上了培养基,待凝固后用接种钩取出,并用潮湿的纱布擦拭干净。每支试管的培养基分装量以至试管下部的1/5～1/4高处为宜(图5-2.1)。

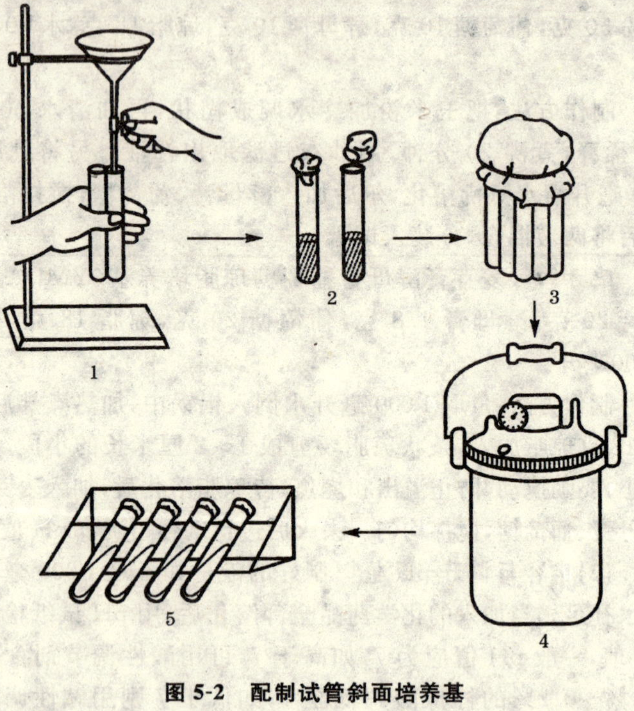

图5-2 配制试管斜面培养基

1. 分装试管 2. 塞上棉塞 3. 包扎成束 4. 高压灭菌 5. 摆成斜面

(4)塞棉塞　用一定干净的、新的棉花制作棉塞，不可用旧棉絮代替，也不宜用医用脱脂棉。将棉花做成较坚实、上下粗细均匀的棉塞，塞入试管内约 2 厘米，外留 1 厘米长，以不松不紧为度，其作用是既能通气，又能防止杂菌侵入。塞时不能将棉塞旋转塞入，以防止留下螺旋状缝隙，使杂菌由此侵入(图 5-2.2)。然后取 5～10 支试管为一束，用聚丙烯塑料薄膜或牛皮纸或硫酸纸包装好试管上头，用皮筋或细线扎住，防止棉花塞受潮之后杂菌侵入(图 5-2.3)。

(5)高压灭菌　母种培养基的灭菌，要使用高压锅，不能使用常温常压锅灶，以免灭菌时间过长，培养基营养成分受到破坏，不利于菌丝生长。

高压灭菌时将扎好的试管束，放入家用高压锅或手提式高压灭菌锅内。加热时，如果用家用高压锅，则将试管束放在锅内的笼架上，加水稍低于笼架，装好后合上锅盖，开始加热。先打开排气阀，自水沸腾后经 15～20 分钟以排尽锅中冷空气，待排出的水蒸气连续直冲时，说明锅中冷空气排尽，此时关上排气阀，自安全阀发出蜂鸣之声起，计时 45～60 分钟，然后停止加热，慢慢冷却之后，缓慢打开排气阀(切勿立即打开排气阀，否则培养基可能随高压气体冲出而沾污棉塞)，等无蒸气排出后，再打开锅盖，取出试管。

如果用手提式高压灭菌锅灭菌，操作步骤如下：一是高压锅内加水至标记高度，不可过多与过少；二是上锅盖时，关好排气阀；三是试管应竖放于锅内；四是锅内压强上升到 50 千帕时，放开排气阀，排尽锅内冷气，至压强为“0”时再关紧排气阀，等压强升至 108 千帕时保持 30～45 分钟，才能灭菌彻底；五是压强避免过大，过大时应调小火力；六是让蒸气慢慢排出，太快时气压下降过快易致试管破裂，而缓慢排气则可以烘干棉花塞，以防止湿的棉花塞污染杂菌(图5-2.4)。

压力锅内蒸气压力与温度关系表、压力锅内冷空气排除程度与温度关系表见附录5。

(6)斜摆试管 取出的试管冷却至60℃以前，放在斜面架上或一根木条上，摆成斜面。培养基斜面应占试管的1/3～1/2，切勿使斜面过长接近棉塞，以防污染，待完全凝固后，收好备用(图5-2.5)。

(7)无菌测定 斜面培养基灭菌后，应进行无菌测定，确定无菌后，方可使用。初次进行接种的工作者尤其应做此项测定，以免灭菌有误造成制种失败。测定方法是：随机或全部取出试管，放于28℃的恒温箱中(夏天室内也可)空白培养6～7天后，如斜面干净依旧，没有任何杂菌生长现象，即可使用。如果斜面上有杂菌生长，则须延长培养基灭菌时间，经再次试验确定灭菌时间。

2. 母种分离和培育

栽培金福菇时，菌种的来源有2个途径：初次只能从可靠的其他单位引进；以后生产时，可以自己制作，只是较为繁琐，而且费时较长，技术、设备要求也高。对于技术经验和设备不足者，以购买为稳妥。

金福菇菌种的分离，是利用标准种菇的组织块或孢子作为繁殖材料，经过人工分离获得纯菌丝，然后进行培养，其分离方法如下：

(1)准备工作

①选择金福菇菌株 要求出菇快、生产健壮正常、无虫、无病的、形状正常、八成熟的金福菇子实体。还要符合本品种特性，这样才能确保筛选的种菇符合标准要求。

②严格消毒　严格按照无菌操作规程进行，接种箱不得有丝毫缝隙，然后把在高压灭菌器内灭过菌的烧杯、剪刀、接种刀、镊子、无菌水、纱布等制种工具放入接种箱内，再放入酒精灯、75%的酒精或0.1%升汞溶液和灭过菌的装有母种培养基的试管，以及消毒后的种菇等。有电子消毒器的，启用电子消毒器，或者每立方米用10克高锰酸钾和15毫升福尔马林熏蒸35分钟(先把高锰酸钾放于瓷碗中，后倒入福尔马林，立即关严接种箱门)，停35分钟后开始操作。

室内用2%～3%来苏儿消毒。戴消过毒的口罩，用75%的酒精擦手后再开始在接种箱内操作。

(2)分离方法

①孢子分离法　孢子是金福菇菌的基本繁殖单位。孢子分离是利用成熟的金福菇子实体的孢子在无菌条件下和适宜的培养基上，使孢子萌发成菌丝，获得母种。孢子的生活力强，数量多，所得的菌种菌龄小，生活力旺盛，只是此法所需设备和器具较多，而且操作比较复杂，要求熟练的技术。

必须注意：选择的金福菇子实体应为八分成熟。采摘子实体过早，孢子发育不完全，质量差；子实体过迟采摘，质量也差，且易受杂菌污染。其他要求性状优良。

第一，采集孢子。采集孢子有多种方法，如金福菇子实体钩悬法、黏附法等。此处介绍钩悬法。

按无菌操作在接种箱中，用镊子夹取种菇放入75%酒精中浸6分钟，目的是对种菇表面上的杂菌进行消毒。然后用无菌水清洗表面的酒精，再用无菌纱布吸干水分。切取一部分种菇菌褶朝下钩在不锈钢钩上，悬挂于装有PDA培养基的三角瓶上方，种菇距培养基表面3厘米。然后塞好棉花塞，静置24小时。粉末状孢子即落下，形成一层白色孢子印。单个孢子通常是无色透明的，许多孢子堆积到一块儿会现出颜色(图 5-3)。

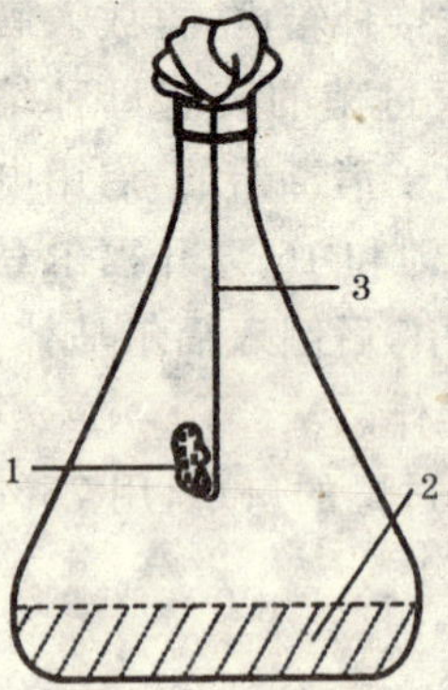

图 5-3　钩悬法

1. 子实体　2. PDA 培养基　3. 不锈钢钩

第二，孢子分离。收集到的孢子应进行分离，不经分离的成堆孢子也能长出金福菇来，但由于孢子发育不一致，其中有少数发育畸形或生长力差的。因此，收集到的孢子应该经过分离筛选后，选得优良的菌丝才能制取母种。

孢子分离时通常用稀释法，即在无菌操作下，将少量孢子移入盛无菌水的三角瓶内稀释成孢子悬浮液，其浓度以 1 滴水中含 5～10 个孢子为宜(这需要用低倍显微镜观察)。如孢子液浓度大于此数，则需要用无菌水再稀释 1 次，直到孢子液浓度符合要求为止。

第三，接种培养。用清洁无菌注射器吸取孢子稀释液少许，滴 1～2 滴于琼脂平板上或 PDA 试管斜面培养基上，并来回转动平板或试管，使孢子定植在培养基上，然后进行培养繁殖。30℃恒温培养 2 天以后，培养基上开始出现星形菌落。以后每 2 天观察 1 次菌落的生长速度、密与疏等形态特征，选取最优菌落的先端菌丝，用无菌接种刀切取尖端进行转接提纯。提纯时可以同时多接几支试管，提纯并经出菇试验后，取优质金福菇子实体进行组织分离，所得母种可以作为栽培生产用。

②组织分离法　组织分离是通过培养金福菇子实体的一小部分组织，获得纯菌种。这种方法简便，制得的母种变异小，可以保持原先菌株的优良品性。一般不必专门做出菇试验，所以实际中使用较多。但如果种菇感染了病毒，用这种方

法得到的菌种会退化；如果菇体太老、太大，用这种方法得到的菌丝成活力也很低。

第一，消毒。在无菌室接种箱内，选用种性优良的金福菇种菇，表面先用清水洗净，然后用 75% 的酒精溶液消毒金福菇表面 3 次，每次 2 分钟，再用无菌水擦洗表面的酒精 2 次。

第二，切取接种块。用手把金福菇种菇的子实体纵向撕成两半，在菌柄与菌盖交界处，从其中一半处，挑取小米粒般大小即 1～2 立方毫米的组织 1 块，立即接到 PDA 培养基斜面上。如果种菇是 4～5 分成熟的菇蕾，组织块切割部位应靠近菌柄处；如果是 6～7 分成熟的种菇，组织块切割部位应靠近菌柄处（图 5-4）。

图 5-4　金福菇子实体组织分离切割部位示意图

（方格内为种菇不同成熟度切割组织块处）

第三，培养。接种后，将试管置于 30℃ 恒温下培养。约需 48 小时，组织块周围开始长出放射状白色的新菌丝，以后在培养基上定植，蔓延生长。当菌丝生长至 1 厘米时，选择浓密粗壮的纯菌丝，用接种刀先轻轻捻平气生菌丝，然后再切割成 0.2 厘米×0.2 厘米的略带培养基的小块，移接到新的试管斜面培养基上，长满斜面后，即为纯正母种，一个母种需时 1～2 个月。

③*基内分离法*　即从袋栽金福菇的菌筒内提取分离的材料。这种分离方法一般较少采用。但由于金福菇子实体的生长受生产季节的限制，这种方法有时也有一定的使用价值。其操作方法如下。

第一，选择菌筒。必须选择没有杂菌污染、菌丝生长良好的菌筒。

第二，无菌处理。将菌筒中间的带有菌丝的培养料切成2～2.5立方厘米的小块，放入0.1%升汞水溶液中，进行表面消毒1～3分钟，取出后放于接种箱内，用无菌水反复冲洗3次，再用75%酒精溶液进行消毒后，用接种刀切去四周材料，割开中间部分，挑取小米粒大小的菌丝组织，接到PDA培养基的试管斜面或平板上。

第三，培养。立即将试管或培养皿置于30℃恒温下培养，使菌丝恢复生长，在菌丝生长之后，经过与组织分离法相类似的提纯，转管后即可获得金福菇母种。

以上3种金福菇母种制取方法中，在科研和生产中大多采用组织分离法。而组织分离法是一种无性繁殖法，长期使用这种方法，菌种遗传性不稳定，易导致菌种生活力衰退，同时也难于发现和得到新的优良菌株。因此，金福菇母种分离应当采用孢子分离（有性繁殖）和组织分离或基内分离（无性繁殖）交替进行才是最佳、最科学的分离方法。

(3)出菇试验　分离制得的母体，仅从菌丝生长情况、菌落形态上还难以准确判断优劣。要保证菌种质量，还必须要做生物学鉴定，即作少量出菇试验。试验方法是：把母种接入瓶装或袋装的棉籽壳培养基上，经过28℃的恒温培养，待白色菌丝长满瓶或袋，把瓶子敲掉上半部分，或割破袋栽的薄膜，覆上土层保持恒温培养，同时加湿喷水，加大通风，并给予光线刺激，使原基分化出菇。通过出菇试验，观察该菌株表现，做好记录，掌握菌种特性，确定菌株代号，贴好标签，才能供大面积生产之用。这样分离制得的母种即母代母种。

(4)母种扩大培养　分离制得的母种或从外单位购回的母种，因为数量少，不能满足原种生产用，须扩大培养以增加数量，用母种进行转接斜面菌丝即称扩大培养，也叫再生母种

(第一代或子代母种)。金福菇栽培生产用的母种都是再生母种。每支母代母种可扩接40支左右再生母种,再生母种可以再次每支试管转管扩接20支第二代子代母种。生产上转管扩接一般不超过3次,经多次转管容易削弱菌丝生活力,降低产量与质量。

母种扩大培养操作过程如下。

第一,要选用菌种。要求菌种必须纯洁、颜色纯正、健壮、无老化。第二,严格无菌操作,接种箱或接种室的地板、台面及接种工具严格消毒灭菌,操作人员先用肥皂将双手洗净外,再用75%酒精将手消毒,并换穿接种时专用工作服、鞋。第三,接种箱内母种扩接具体操作如下(图5-5)。

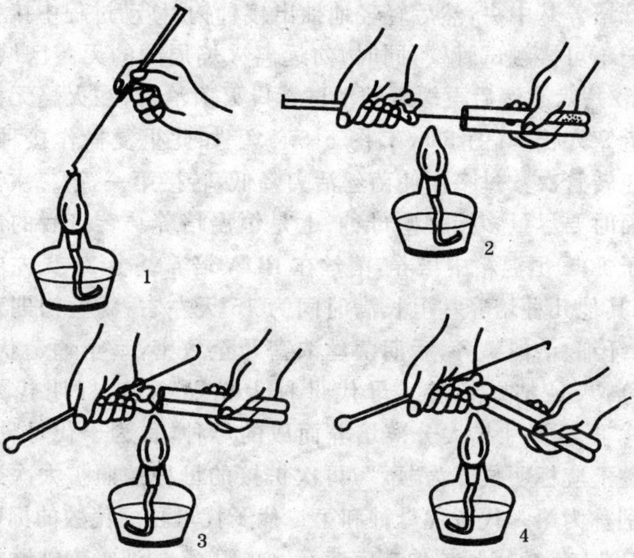

图5-5 母种扩接

1. 接种钩消毒 2. 接入菌种 3. 棉塞与管口消毒 4. 棉塞封口

一是开始接种时，首先点燃酒精灯，在火焰周围的无菌区内接种；二是左手同时握住母种试管和待接斜面培养基试管。两管口平齐并使试管内培养基斜面向上，呈水平状态；三是右手拧松两试管棉塞，然后用执笔的方式握住接种钩，用酒精灯火焰灭菌，先从钩端烧起，将所有可能会伸进试管的钩体过火消毒(图 5-5.1)；四是用右手小指、无名指拔出两试管棉塞，握在手中。左手将试管口在火焰上缓慢转动，以杀死管口周围的杂菌，切记不可将试管烧得过烫，以免将金福菇菌种也烧坏；五是将灭过菌的接种钩伸入母种试管内。先插入空白未长金福菇菌丝的培养基内，以冷却接种钩，然后插入金福菇菌丝部分，钩出麦粒大小的金福菇菌丝一块，迅速将其放入待接试管培养基中央，然后轻轻地抽出接种钩，移动过程中接种钩切记不可接触试管壁，同时，勿远离火焰周围的无菌区域(图 5-5.2)；六是然后再缓缓转动试管口灭菌消毒，在火焰无菌区附近塞入棉塞(图 5-5.3，图 5-5.4)。如此重复操作接种，为避免转管次数过多而使菌丝活力降低，转接第一，第二次试管斜面时要尽量多接一些母种；七是恒温培养。转接后的试管放于 30℃恒温箱中培养，菌丝在 PDA 培养基上 20 天左右长满，其他几种培养基上长满时间为 15 天左右，菌丝初期茸毛状，纤细、洁白整齐，后期菌丝浓密乃至致密，呈半葡萄状，乳白色；八是粘贴标签。母代母种上粘贴标签，标明代号为“P”，再经提纯扩大分离培养而成的母种，称为子代母种，其标签上应标明代号为“F_0”，再次扩接的母种按照扩大次数而分别称为第一代子代母种和第二代子代母种。代数的标明是在“F”右下角用阿拉伯数字表示，如 F_1，F_2，F_3 等。粘贴标签后，将试管低温保藏待用。

（四）原种制作技术

制备好金福菇母种后，选择菌丝健壮洁白、生长旺盛、无杂菌的优良母种试管扩制原种，以满足生产上接种的需要。

每支母种可接原种 5～7 瓶，培养时间 40～50 天。原种的制作时间应根据当地栽培季节的先后，分期分批进行，通常在接种期前 50～60 天开始。

1. 原种培养基配制

原种培养基一般是用天然营养物质，加入适量的辅助材料而制成的半合成培养基。此处介绍生产上常用的几个培养基配方。为了培育出优质菌种，栽培者可因地制宜选择配方。

配方一　小麦粒 99.5%，石膏粉或碳酸钙 0.5%。pH 值 6.5～8。

配方二　小麦粒 95%，杂木屑 4%，石膏粉 1%。pH 值 6.5～8。

配方三　小麦粒 88%，杂木屑 10%，碳酸钙 2%。pH 值 6.5～8。

配方四　小麦粒 83%，木屑 10%，麦麸 3%，石膏粉 3%，碳酸钙 1%。pH 值 6.5～8。

配方五　小麦粒 48%，木屑 29%，麦麸 19%，石膏粉 3%，碳酸钙 1%。pH 值 6.5～8。

小麦粒要求是籽粒饱满而且是隔年的、不发霉、无虫蛀的。使用前，剔除病麦、破麦、瘦麦、暴晒 1～2 天，然后倒入配制好的石灰水中（每 100 升水加石灰 2 千克，即 pH 值 14）浸泡 14 小时，或煮透，以麦粒涨满没有白心为度，再捞起用清水冲洗，摊在水泥地上晾干外表。再加上辅料石膏粉或碳酸钙。通常 100 千克麦粒吸水量控制在 38～40 升。

麦粒要求当天灭菌，不能留到第二天，以避免麦粒变质酸化，影响质量。

配方六 高粱粒 97%，碳酸钙 3%。pH 值 6.5～8。

配方七 高粱粒 94%，碳酸钙 4%，石膏粉 2%。pH 值 6.5～8。

先将高粱粒淘净，浸泡 12 小时左右，水煮(加水量超过谷粒表面 5 厘米)，水沸后用小火煮 5 分钟左右，同时一直搅拌，当高粱粒已充分吸水并有少量涨破时，将高粱粒捞出沥水，至无水滴下时开始拌料。

配方八 棉籽壳 98%，石膏粉 1%，碳酸钙 1%。pH 值 6.5～8。

配方九 棉籽壳 78%，玉米粉 10%，麦麸 10%，石膏粉 1%，石灰粉 1%。pH 值 6.5～8。

配方十 棉籽壳 78%，麦麸 20%，石膏粉 1%，石灰粉 1%。pH 值 6.5～8。

配方十一 棉籽壳 78%，麦麸 10%，细米糠 10%，石膏粉 1%，石灰粉 1%。pH 值 6.5～8。

棉籽壳装瓶前提前 4～5 天预湿发酵，方可使培养料灭菌彻底，栽培成功。

配制方法：先将麦麸、玉米粉、细米糠、石膏粉、石灰粉(碳酸钙)等辅料干态混合均匀，再与棉籽壳、木屑、小麦粒或高粱粒等主料充分搅拌均匀，加清水拌料，调至含水量为 65%，pH 值调至 6.5～8。

水分测定方法：可用上海仪表仪器厂生产的水分测定仪测量，手中握一团培养基，将仪器插头插入料中 5 分钟后，观看仪表读数。没有水分测定仪的可用手握法测定：用手握紧培养基，指缝间有水珠溢出，但不下滴，则含水量适中。如水珠成串下滴，说明太湿，则需要摊开培养基，让水蒸发，记住不能掺干料来降低水分含量，会引起培养基成分比例失调；如果培养基水分太低，则可加水调至适中，但要搅拌均匀。

搅拌时，量少可用人工拌料，量大时可用搅拌机（建筑行业上使用的搅拌机即可）拌料，以提高拌料效率与质量。使用建筑行业搅拌机时除按照操作规范外，加料前清除搅拌机内异物，搅拌时按比例加入主料、辅料和水，每次搅拌 3 分钟即可卸料。

如果主料采用棉籽壳，则拌好料后还应当进行发酵：将棉籽壳培养基堆成宽 2～2.5 米，高 1～1.5 米，长度不限的发酵料，并每隔 30 厘米打一孔径 5 厘米的透气孔，进行有氧发酵。当发酵料温度达到 55℃时开始翻堆，发酵时间 4～5 天，共翻堆 2 次，每次从上到下彻底翻堆，发酵好的培养基呈褐色，疏松状，无腐败臭味，如水分低于 65%，可喷洒 1%的石灰水并搅拌均匀，测定 pH 值后装瓶。

2. 装瓶灭菌

(1) 装瓶 配制好的培养基及时装入原种瓶内。原种瓶要求用符合规格、大小适中、透明的 750 毫升的广口玻璃瓶或聚丙烯菌种瓶与 14 厘米×28 厘米的透明的耐高温的塑料袋。装瓶时，先装入 2/3 瓶，右手握住瓶颈，放在左手掌上叩几下，使培养基自然装实，然后再装至瓶颈，再用小木棒将培养基压平至瓶肩，使上紧下松，以利于空气进入，松紧要适中。然后用直径 1.5 厘米的锥形硬木在瓶内培养料中插 1 个 2.5 厘米深的锥形洞，这样可以利于菌丝生长发育。然后用可耐高温的聚丙烯薄膜盖住瓶口，用 2 个橡皮筋从瓶颈处封好，开始高压灭菌。

(2)灭菌 原种培养基的灭菌，参照母种培养基灭菌进行。小麦粒与高粱粒培养基在 147.1 千帕的高压下，经过 2.5 小时；常压下 100℃保持 11 小时。棉籽壳培养基在 147.1 千帕的高压下，经过 3 小时，常压 100℃保持 8 小时。采用塑料袋装料的在以上灭菌时间上延长 0.5 小时。

3. 接种培养

(1)接种 原种培养基冷却到 30℃以下时，才能进行接种。用 0.1%的高锰酸钾溶液浸湿干净的毛巾将原种瓶外壁擦净后，和金福菇母种及接种用具等一起放入接种箱内。

灭菌时按照消毒盒上的用量点燃后，密闭 40 分钟开始接种。接种时要严格按照无菌操作规程进行，用接种耙将斜面母种培养基横切成 5～6 块，靠近管口处的一块要略长些，因为此块培养基薄，易干燥。再用接种匙挖取 1 块，迅速接入原种瓶的接种穴内，每穴内 1 块，并且使菌丝一面向下紧贴培养基，使菌丝尽快吃料(图 5-6)。

(2)培养 接种后的原种瓶，随后即应移入原种培养室中。培养室要求清洁、干燥。原种瓶宜直立摆放，也可以堆叠。

培养室中温度以室温为宜，空气相对湿度以 65%为宜。如果温度过高，会导致菌丝生长差，所以超过 32℃应注意通风。培养室窗户应用黑布遮光，以利于菌丝生长，接种 3 天后，菌丝开始生长。

培养期间，每天都应检查 1 次，发现杂菌污染后，立即捡出淘汰。

在室温培养条件下，小麦粒、高粱粒菌种长满瓶时间约需20～25天，发酵棉籽壳菌种满瓶时间约为30天。菌丝色白、生长粗壮并布满全瓶，即为合格。

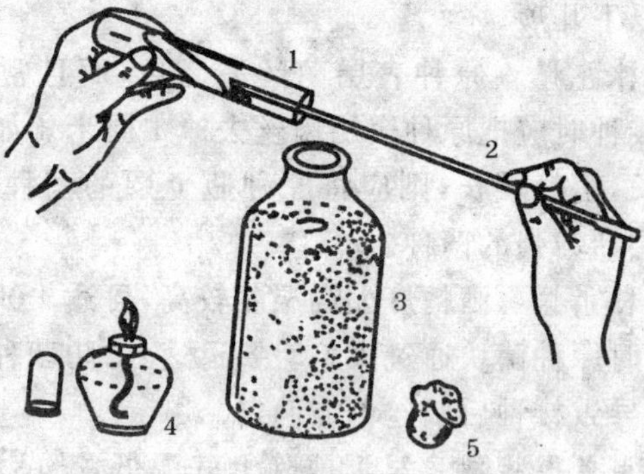

图 5-6　母种接种原种操作

1. 母种　2. 接种耙　3. 原种瓶　4. 酒精灯　5. 棉塞

（五）栽培种制作技术

将原种再接入棉籽壳培养基上，进行扩大培养出来的菌种，就是栽培种。

制作栽培种的时间要在栽培前40天左右进行。每瓶原种可接60～90瓶栽培种。

1. 栽培种配制

棉籽壳培养料配方参照原种制作一节配方8～11。生产工艺也基本相同，即：

配料搅拌→堆料发酵→装袋（瓶）灭菌→冷却接种

2. 接　种

接种时温度较高，杂菌活动猖狂，因此要严格无菌操作，并且注意以下几项。

(1)原种处理　原种表层菌丝易老化，而且常会发生杂菌，因此，接种时应把原种表层菌丝去掉1厘米。如果原种放置时间过长，菌龄较长，则应将原种瓶上层的菌种去掉1/3，只使用下层活力强的菌种。

(2)接种迅速　酒精灯火焰温度较高，可达1 000℃以上，因此，接种时原种菌块通过火焰时要迅速，以防菌种受到灼烧以至烧死，导致接种后菌丝不能萌发。

(3)气温低时接种　早上或晚上气温低，杂菌活动小，并且低温、低湿，工作效率高。

原种接栽培种操作方法见图5-7。将长满菌丝的原种培养基切成1立方厘米大小的接种块，然后接入栽培瓶培养基的接种穴内。接种后将栽培瓶移入培养室进行培养管理。

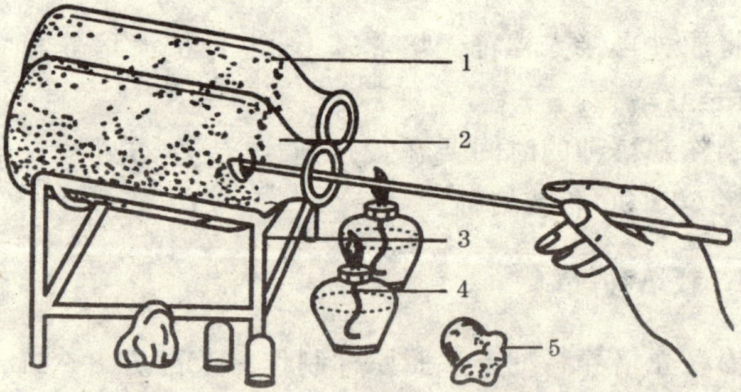

图5-7　原种接栽培种

1. 原种瓶　2. 接栽培瓶　3. 接种架　4. 酒精灯　5. 棉塞

3. 培养管理

培养室的温度最好控制在30℃左右。培养室的门窗应用草帘遮荫，防止日光射入，导致菌丝老化。同时注意通风，保持室内空气新鲜，以利于菌丝呼吸。栽培袋可以堆叠，但要注意保持通风。

当菌丝长到栽培袋底后，再培养6～9天，即为合格的栽培种。栽培种制好后，应当及早用于生产栽培，放置时间太长，培养料干缩，菌丝老化，生命力减弱，成为劣质菌种。

（六）菌种质量鉴别

栽培种的质量直接关系到金福菇产量与质量的高低。购买或生产菌种时，经营管理者必须能够鉴别菌种的质量。

1. 菌种优劣检验方法

(1)直接观察法

①优质菌种的表现　菌丝洁白（未见光时）或米黄色；菌丝密集，分枝浓密，呈白色茸毛状；菌丝爬壁能力强；菌丝在整个培养基内分布均匀；菌丝有单纯的香气。

②劣质菌种的表现　菌丝颜色多种，说明有杂菌；菌丝多处出现索状菌丝；菌丝收缩离开瓶壁，说明菌种老化；菌丝只在培养基上部生长，说明培养基湿度太大；菌丝有多种异味，杂菌气味所致。

(2)菌丝长速观察法　将供鉴别的菌种接入新配制的母种培养基上，置于最适宜的温度、湿度下培养。菌丝生长迅速、整齐、浓密，则为优质菌种；反之，菌丝生长缓慢或参差不齐,则为劣质菌种。

(3)吃料能力观察法 将菌种接入原种培养料上,放于适宜的温度、湿度下培养,7 天后看菌丝的生长,如果菌种块很快萌发,向培养料内迅速生长,则为优质菌种;如果菌种块萌发缓慢,在培养料中生长缓慢,则为劣质菌种。

(4)出菇试验 经过以上观察试验,认为是优质菌种的,可以进行扩大转管,并且先取出一部分母种进行出菇试验,这是最可靠的检测,凡是菌种生产者都必须做此项工作。

2. 菌种劣质原因

(1)培养基原因

第一,培养基原辅料不够齐全,缺少某种必要原料。

第二,培养基原料虽然齐全,但比例不适当。

第三,培养基含水量过大或过小,均会导致菌丝无法生长。

第四,培养基酸碱度偏大或偏小。

(2)杂菌污染原因

第一,培养瓶灭菌时间未达到标准。

第二,培养瓶灭菌温度过低。

第三,培养瓶密封不严,杂菌侵入。

第四,无菌操作时不严格。

第五,菌种母种原已感染杂菌。

(3)菌种活力减退

第一,菌种存放时间过长,已经老化。

第二,菌种处于高温状态下,受到伤害。

第三,菌种转管次数超过 5 次以上。

第四,菌种长期采用无性繁殖(组织分离),导致菌种退化，高产优质特性丧失。

(4)菌种发生变异

第一，菌种受各种不良气体（如一氧化碳或二氧化硫）或其他各种因素的影响而产生不良变异。

第二，菌种产生变异是其天然属性。

（七）菌种保存与复壮

1. 菌种保存

食用菌菌种均易发生变异，金福菇菌种也不例外。菌种保存的目的是要保持菌种速生高产的优良性状，防止其退化。

金福菇菌种保存一般是对母种进行长期保存，对原种和栽培种进行短期保存。通常所说的菌种保存，均是指母种的保存。菌种保存通常是把菌种置于低温、干燥的条件下，使金福菇菌种处于休眠状态，仅维持最低代谢活动，使用时，将其移到斜面培养基上，再培养活化。

最佳的保存方法，应是取材容易，操作简便。菌种保存的方法很多，以下介绍几种，仅供参考选用。

(1)菌种保藏方法

①*低温保藏方法* 此法较简便。把长满金福菇菌丝的试管母种，将棉塞齐管口剪平，用石蜡封口，以防止培养基中水分蒸发，延长保藏时间。然后用塑料薄膜包好，置于4℃以上的冰箱中低温保藏，可以保藏4个月，4个月后再转管移接，继续放入冰箱保存。金福菇在保存时间过长的培养基斜面上，菌丝高度紧密，有近似于组织化的现象，切割时比较困难。

如果没有冰箱，可以把试管用石蜡封好，放入广口瓶内用薄膜包上，埋存于固体尿素中也可，但要注意使环境温度保持在4℃以上。

②无菌蒸馏水保存方法　无菌操作下，把经过灭菌的蒸馏水盛在无菌橡皮塞密封的试管中，然后将在琼脂培养基上培养的菌种切下少许，放在试管中的无菌蒸馏水中，然后置放于室温下，保存可达2～3年。注意保存时要竖直保存，室温高于4℃。

③石蜡保藏方法　液体石蜡在使用之前，先经120℃灭菌1小时，再经170℃干热1小时，蒸发掉全部水分后，冷却至室温。在无菌条件下，将液体石蜡倒入试管斜面上端1厘米，塞上棉塞，常温下可保藏2年，然后应转管移接。保存时要竖直保存，以防夏天石蜡融化而流出。同时应注意检查和及时补充无菌石蜡，不能让培养基露出液面（图5-8）。使用时直接挑取少量菌丝即可，保存的金福菇菌种应连续转接2次才能恢复正常长势。

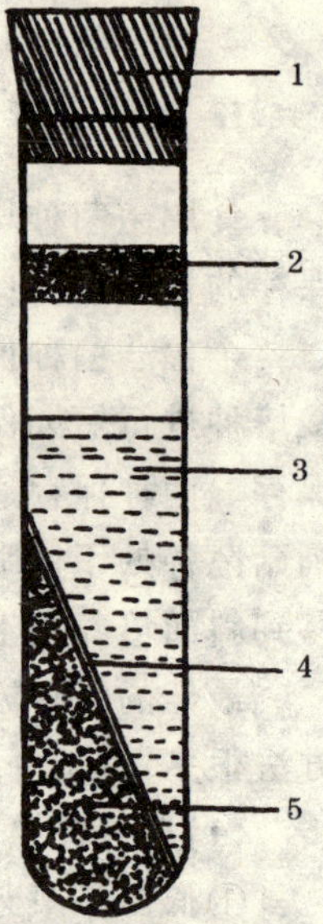

图5-8　液体石蜡保藏菌种示意图

1. 胶塞 2. 标签 3. 液体石蜡 4. 金福菇菌种 5. 培养基

(2)保藏时注意事项

①调整培养基　保藏母种的培养基，其配方中应加入0.25%的磷酸二氢钾等缓冲剂，以防止酸性增大。

②控制好温度　必须注意保藏温度。保藏菌种的场所太阳光不能直射，要遮阳并通风。防止室温低于4℃，致使金福菇母种受到低温损害。

③密封试管口　试管口应用石蜡密封好，以防止斜面培养基干涸致死菌种。

④使用前复壮　使用前将处于休眠状态的金福菇菌种置于适温下培养后，使其活化，然后转管培养，复壮菌丝活力后再用。

⑤保藏时标名　保藏菌种时要标明种名和保藏日期，编号后贴于试管上。

2. 菌种复壮

金福菇菌种长期保藏或者转管次数过多，都会产生退化现象，导致活力降低，用于生产则降低产量和商品质量。

菌种退化表现为：菌丝生长速度慢，对不良的外部环境条件表现为适应性差，容易感染杂菌；在生产中则表现为部分菌筒出菇不好，质量与产量受到影响。

菌种退化有多方面的原因：一是菌种遗传上出现变异，丧失原有的优良性状；二是长期处于人工培养条件下，不符合金福菇生长的野外自然条件，使菌种失去自我调节能力，不能表现出优良性状；三是由于其他的各种不能确定的因素。应该说明的是，菌种退化作为该物种来说是为了适应环境而产生的适应性变异，对该物种来说是适宜的，只是不符合人类的需要而已。

因此，在育种工作中要特别注意金福菇菌种的复壮工作，确保菌种优良性状，防止菌种退化，造成经济损失。

常用的菌种复壮方法如下：

(1)重新育种法　用原先的优良菌株，栽培出菇，进行对照，挑选长势特别良好的金福菇子实体，再次进行母种分离，得到优良菌种。

(2)更换培养基法 由于菌种对培养基的营养成分具有喜新厌旧现象，因此，连续使用同一种培养基会导致菌种退化。所以，转接菌种时换用不同配方及比例的培养基可以增强菌种活力，恢复优良性状。

(3)转管活化法 为了避免菌种退化，菌种每保存3～4个月，要重新转管移植，并在适宜的温度下培养5～7天，待菌丝长满斜面后，再重新低温保藏。

六、金福菇高效栽培方法

应用金福菇高效栽培技术必须选择高质量的优良金福菇菌种，合理的培养料配方，严格的无菌操作接种，按照金福菇的生理条件进行规范化的管理、调控环境因素，只有以上几个环节确保无误，才能取得高产。

（一）栽培季节安排

金福菇属于高温养菌，菌丝在 15℃～38℃下均能正常生长，以 27℃～32℃为最佳培养温度。菌丝可耐高温，子实体形成温度范围为 18℃～30℃，以 20℃～28℃为最佳，幼菇在 12℃以下停止生长。昼夜温差过大对于出菇不利，影响原基形成，注意栽培时昼夜温差要控制在 5℃以内。以恒温为最好。

在自然气温下，金福菇只适于在高温季节栽培。因此，各地区栽培金福菇的季节安排应根据本地区的气候条件，结合金福菇菌种菌丝生长和子实体发育对温度的要求，合理安排栽培季节。

一般来说，华中地区的适宜出菇期在春末至中秋前后，华北地区要根据本地区的气候条件适当地推迟或提前，华南冬暖地区可以一年栽培两季。接种栽培时间的安排根据金福菇的出菇期提前 40～50 天安排。

金福菇栽培成功的关键是掌握好出菇时的气温：一是出菇期温度要高，金福菇只有在气温高时才能出菇，如果自然气温低，菌丝就是长满也不会出菇，这时只有进行人工增温，达到出菇温度，才能栽培成功；二是出菇时昼夜温度要相差不大，昼夜温差大于5℃的，难以出菇。凡是栽培失败的，通常与这两点有关。

在有冷暖空调等的人工控温栽培条件下，金福菇可以常年栽培。

（二）选择合适菌株

要获得金福菇优质高产，选择适宜菌株十分重要。在引种生产时，必须根据市场对子实体的颜色、形状和大小等需要与当地气候而定。

现将部分金福菇菌株作简要介绍，以供选择参考。

1. 荆西口蘑 Sm

子实体米黄色至象牙白色，脆嫩，口感好，产量高，夏季栽培优良品种。出菇温度22℃～34℃，最适宜温度25℃～32℃。

2. 台湾 Sm

子实体米黄色至白色，脆嫩，口感较好，夏季栽培种。出菇温度22℃～34℃，最适宜温度25℃～32℃。

3. 金福菇 Flj

子实体单生或丛生，盖初为半球形，白皮，肉厚白，柄棒状至球茎状。出菇温度范围18℃～30℃，最适宜温度20℃～28℃。

4. 金福菇 Tg-1

菇盖、菇柄均为洁白色，菇肉肥厚白嫩，口感鲜美，耐贮。出菇温度 20℃～35℃，最适出菇温度为 24℃～32℃。

5. 巨大口蘑 Nd

子实体丛生，盖黄白色、圆整，墩特大，高产，肉厚、细嫩，柄中生、粗长。出菇温度 22℃～36℃。

6. 金福菇 Nd

子实体丛生，盖圆整半球状，墩大，柄中生粗长，肉厚细嫩，菇盖、菇柄均为淡白色。出菇温度 22℃～36℃。

选择菌株生产时，必须注意，要同时选择 2 个以上菌株，不能全部采用 1 个菌株，搞“单打一”。

（三）半发酵棉籽壳袋栽模式

金福菇栽培方式有很大的可塑性，深入地了解了金福菇的生物学特性后，只要能满足它生长发育的各种条件，在栽培方法上可以采用不同的生产栽培方法与模式，甚至可以有很大的变革，本书仅将国内最通用的几种栽培方法作了介绍，以供参考选用。生产者在选择栽培方法时，主要应根据本地原料、气候和各种栽培方法的转化率等选择最适合自己的栽培方法，乃至创造适合自己的培养料配方及栽培模式，以取得最大的经济效益。

首先介绍半发酵棉籽壳袋栽模式。

为了使读者更方便地掌握栽培技术，特将栽培工艺流程绘成流程图(图 6-1)。

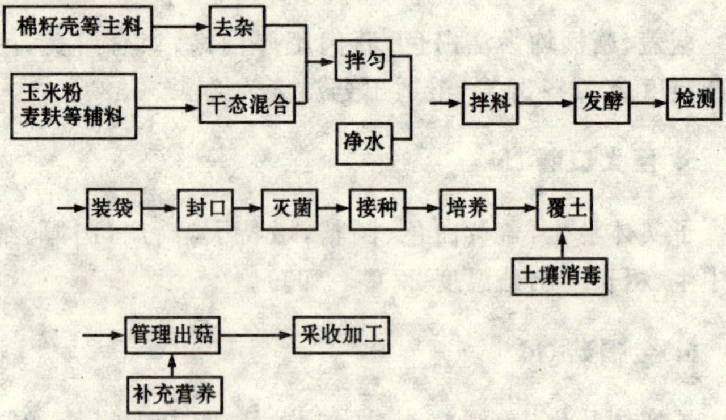

图 6-1 栽培工艺流程图

1. 培养料配方

配方一 棉籽壳 96%,麦麸 2%,碳酸钙 1%,石膏粉 1%。pH 值 7~8。

配方二 棉籽壳 86%,麦麸 6%,细米糠 6%,碳酸钙 1%,石膏粉 1%。pH 值 7~8。

配方三 棉籽壳 80%,麦麸 12%,玉米粉 4%,细米糠 2%,碳酸钙 1%,石膏粉 1%。pH 值 7~8。

配方四 棉籽壳 80%,麦麸 18%,碳酸钙 1%,石膏粉 1%。pH 值 7~8。

配方五 棉籽壳 80%,麦麸 12%,玉米粉 6%,碳酸钙 1%,石膏粉 1%。pH 值 7~8。

配方六 棉籽壳 78%,麦麸 10%,玉米粉 5%,细米糠 5%,碳酸钙 1%,石膏粉 1%。pH 值 7~8。

配方七 棉籽壳 90%,麦麸 5%,细米糠 3%,碳酸钙

1%，石膏粉1%。pH值7～8。

配方八 棉籽壳90%，麦麸5%，玉米粉3%，碳酸钙1%，石膏粉1%。pH值7～8。

2. 配制方法

按照选定的培养料配方，按其比例称取主、辅料和清水，混和搅拌，配制成培养料。具体做法要求如下。

(1)场地要求 以水泥地和木板地为好。不宜用泥土地，泥土地因含有土砂，加水后泥土溶合会混入料中，不宜选用。选好场地后进行清洗并清理周围环境。

(2)混合原料 先把棉籽壳倒入搅拌场上堆成"山"形，再把麦麸或细米糠从"山尖"均匀地往下撒开，并把玉米粉、碳酸钙粉和石膏粉均匀地撒向四周，把上述干料先充分搅拌均匀。

(3)加水搅拌 可采用搅拌机或人工拌料。搅拌机拌料时可以大大提高搅拌速度和搅拌质量，搅拌机的使用见菌种制作一章的栽培种制作一节。农村由于栽培规模小，常用人工拌料，人工拌料时，先把堆成"山"形的干料从尖端中间挖向四周，使其形成凹陷状，再把清水倒入凹陷处，用锄头或铁锨把凹陷处逐步向四周扩大，使水分吸收均匀，然后把拌匀的料，用竹筛或铁丝筛过筛，打散结团，使其更加均匀。过筛时应边过筛边整堆，防止水分蒸发。

(4)测定水分和酸碱度 搅拌后的培养料要进行水分和酸碱度测定后才能堆制发酵。

①水分测定 培养料含水量以65%为合适。

培养料含水率计算公式：

培养料总量＝干物质＋水

$$含水率(\%)=\frac{水量}{培养料总量}\times 100\%$$

$$=\frac{加水重量+培养料含结合水}{培养料干重+加入的水重量}\times 100\%$$

干物质是指配方中的棉籽壳、麦麸、玉米粉、细米糠等要求符合标准干度。

水分的标准测定是用水分测定仪检测(如上海仪表仪器厂研制的 SYS-1 型水分测定仪)。无水分测定仪的可以用手感测定:即手握一团培养料,握紧后如果指缝间有水溢出但不下滴,伸开手指,料在掌中成团而不裂开,掷进料堆四分五裂,落地即散,其含水量适宜。若料在掌中成团即裂,掷进料堆即散,表明太干;若手握料指缝间水珠成串下滴,掷进料堆不散,说明太湿。检测后,若太干,加水后重新搅拌均匀;若太湿,最好不要加干料,防止配方比例失调,只要把料摊开,让水分蒸发至适度即可。

②测定酸碱度　金福菇培养料酸碱度(pH 值)以 7～8 为宜。测定方法:称取 10 克培养料,加入 20 毫升中性水中,用 pH 试纸一张,一端用小镊子夹住,置另一端于试样的澄清液中蘸一下,立即与比色板比较色泽,确定 pH 值,即可测出酸碱度。有条件的,应该用酸度计进行精确测定。检测后,如果培养料偏酸(pH 值<7),可加 4%氢氧化钠溶液进行调节,若呈碱性(pH 值>8),可加入 3%盐酸溶液中和,直至适度为止。实际栽培中,为防止酸性增加,多用适量石灰水调节。

(5)堆料发酵　检测调节后,将培养料堆成宽 2 米、高 1 米左右,长度依场地而定的料堆,并将料堆打若干个透气孔,透气孔距 30～40 厘米,孔的直径为 5～7 厘米,即进行通氧发酵。

(6)翻堆处理 当料温达到55℃时即进行彻底翻堆，共翻2次，发酵时间4～6天，即半发酵处理。根据栽培实践，如果用完全发酵过的熟料栽培时，金福菇的菌丝生长缓慢，容易失败。

(7)检查调节 经过半发酵处理的培养料应呈褐色，质地疏松，既不粘手，也不腐烂，无臭味及腐败异味。否则，不能使用。然后再同前测定水分和酸碱度。如果水分偏少，可喷0.5%的石灰水调节，搅拌均匀后，再测定pH值，酸碱度达到标准后，即水分65%，pH值7～8，开始装袋。

注意：培养料配制是生产中的重要环节，配制过程中技术失误，可造成基质酸变，导致杂菌污染，使菌袋成品率下降。拌料时要力求均匀，否则培养料养分不均衡，使接种后菌丝生长不整齐或只长菌丝不出菇。因此，配料时要求：主料与辅料混合均匀，干湿搅拌均匀，酸碱度均匀。此外，含水量应当控制精确。各地主、辅材料原先的干度不标准，所以加水量要灵活掌握，原料偏干的，应多加一些水，原料偏湿的，应少加一些水。如果培养料含水量过大，可导致金福菇菌丝不能生长而杂菌孳生。实际栽培中，初次栽培者最容易出问题的往往就是水分问题，往往容易含水量过大。当然含水量过小，也会导致菌丝不生长或枯死。

3. 装培养袋

(1)栽培袋规格 采用每袋可装干料800克或湿重2千克的，规格为33厘米×17厘米，厚0.05厘米的聚乙烯筒膜袋。

(2)装袋 可用机械或人工装袋。

①装袋机装料 装袋机操作熟练者，每小时可装800袋

以上。每台机配备8人，其中装料1人，加料1人，传袋1人，捆袋口5人。装料时，先将筒膜袋未封口一端撑圆，将整个袋都套在装袋机出料口的套筒上，底部勿留空隙。当培养料从出料口进入袋内时，右手稍向里用力推，减缓出袋速度，以使装料实在。培养料距袋口5厘米时，取下培养袋竖起，交给捆袋人员。捆口时可用塑料纺织带，装量多时，可手工抓出，装量不足时，再装入一些并压紧。然后清理掉袋口粘着的棉籽壳，将袋口扎紧。

②手工装袋　撑开装料袋口，用手把料装上袋口，装料1/3时，用比袋口略小一些的木棒将培养料捣紧，装满袋时用手压紧培养料，再装入再压紧，至距袋口5厘米，然后将口扎紧。

装袋要求松紧适中。装料过松，袋内氧气过多，气生菌丝生长旺盛，而且在搬运过程中培养料极易断裂，影响菌丝正常生长，导致产量低；装袋过紧，不仅容易破袋，而且透气性不好，使菌丝生长缓慢。松紧标准为：手抓袋中央，两端下垂，料断裂则为太松；五指用中等力捏下，袋面呈微凹指印为适宜；手捏过硬则为太紧。

装好的料袋搬运过程中要轻取轻放，以免破袋，同时堆放场地要用麻袋等铺垫，以防扎破料袋，杂菌侵入。

4. 灭　菌

培养料的灭菌，多采用常压或高压、高温的物理灭菌方法，达到杀灭杂菌的目的。

灭菌工作应该严格要求，灭菌工作直接关系到培养料的质量和杂菌污染。在灭菌工作上出现失误，会使灭菌不彻底，接种后杂菌污染，降低产量，造成损失。因此，灭菌工作必须做好以下几点：

(1)科学叠袋　灭菌灶内的叠袋方式，应采取一行接一行，自下而上排放，上下袋成一直线，前后叠的中间要留空隙，使蒸汽可以自下而上畅通。不能堆叠成“品”字形，致使上袋压在下袋的缝隙间，使蒸汽不能上下畅通，造成灭菌时局部低温处灭菌不彻底。所以，叠袋时必须防止压住缝隙。

(2)温度达标　灭菌开始后，用大火猛烧，使温度迅速上升到100℃，愈快愈好，如果上温慢，则一些高温杂菌会繁衍生长，使培养料养分受到破坏。温度上升到100℃后，保持温度12小时，中途不能停火，不能掺冷水，不能降温，使水始终保持沸腾。

(3)认真操作　在灭菌过程中，要注意观察温度、水位，灭菌灶内应装有温度计和水位计，以方便地观察温度和水位，温度如果低了要立即加大火力，如果水位降低到一定程度，应及时补充热水，防止烧干锅。灭菌开始后，应先打开灭菌灶排气口，让灶内冷气排出，待水蒸气大量从排气口排出后，再关闭排气口。同时检查灭菌灶是否漏气。如果有漏气，及时用湿棉花塞住，以免影响灭菌效果。

(4)卸袋　达到灭菌要求后，熄灭火力，让整个灭菌灶自然降温后再打开。如果一下子打开灭菌灶，灶内热气喷出，灶外冷气进入，一些装料太松或薄膜质量差的袋子，突然受冷热温差刺激，可能膨胀破裂或冷却后密布皱纹，所以要在自然降温至50℃以下时，方可卸袋。卸袋时为防蒸汽烫伤应戴上手套，发现袋口松开或出现裂口，应立即用编织带扎住或用胶布贴住。

(5)冷却　将灭菌袋搬入冷却室内，排列成“井”字形，待袋内温度降到30℃以下，即手摸袋无热感时，方可开始接种。

准确测定：用棒形温度计插入袋料中观察温度，高于30℃应继续冷却。

5. 接　种

金福菇接种，应按无菌操作要求在接种室或接种箱内接种。

(1) 菌种处理　用薄膜封口的金福菇菌种可直接搬入接种室或接种箱内接种，无须处理；而用棉花塞封口的菌种则应事先拔掉棉花塞，再用薄膜包住瓶口，再搬入接种。这是由于菌种培育期间，棉花塞内可能侵入杂菌，如果在接种时拔出棉花塞，会导致污染。

(2) 消毒　接种可用接种箱或接种室。接种箱效率低，但成品率高；接种室效率高，但成品率略低。农村由于条件差，可用普通房间代替，为了达到无菌标准，房内必须清洗干净，严格密封，严格消毒。无论是用接种箱或接种室接种，均可采用下列消毒方法之一。

①烟雾法　使用消毒盒，使用时用火柴或烟头点燃，即冒出白色烟雾，密闭半小时以上，用量按照说明书上用量使用。

②熏蒸法　按照每3立方米用100毫升甲醛加入50克高锰酸钾的比例，混合放于碗中产生气体，用于消毒灭菌40分钟以上。

消毒注意事项：消毒前，要把菌种、栽培袋及接种工具等都放入接种箱或接种室后，再进行密封灭菌。

(3) 接种　消毒灭菌后，双手用75%酒精擦洗，并严格按无菌操作进行。

接种室如果采用甲醛消毒后，由于甲醛有强烈刺激气味，对人眼有较强的刺激性。因此，在接种前30分钟，可用适量碳酸氢铵放于铝锅内,置于煤炉上煮沸,也可用浓氨水按 5 毫升/立方米,置于室内让其自然挥发,以消除甲醛刺激气味。

①处理菌种　将菌种瓶口去除薄膜后,用接种铲伸进菌种瓶口,把表层老化菌膜铲出。

②袋面消毒　用克菌灵溶液按消毒浓度浸湿纱布将栽培袋接种处擦拭一下。

③打接种穴　用木条制成钉形打穴钻,在栽培袋一面打 3 个穴,穴距相等,穴口直径 1.5 厘米,深 2 厘米。

④接入菌种　用接种铲铲取菌种塞入接种穴内,菌种通过酒精灯火焰区时要迅速,每个接种穴内要接满菌种并且菌种要高出培养料 1～2 毫米。

⑤胶布封口　接种后用事先剪成的 3.5 厘米×3.5 厘米的小方块专用胶布封住接种穴口,以保护菌种,防止污染,并使少量空气进入。

接种注意事项:每批栽培袋接种后,要开窗通风 30 分钟,然后关窗,重新搬入培养袋,消毒。每批栽培袋接完后,用过的物品,如菌种封口薄膜等,必须打扫并搬出接种室。

6. 室内养菌管理

栽培袋经过接种后,要及时搬入干燥、卫生、通风、透气的培养室内进行培养,必须按照菌丝生长发育的要求,创造适宜的培养条件,使菌丝发育良好。

(1)叠袋科学　栽培袋堆叠方式,按"井"字形堆叠,每层 4～5 袋,袋间应留有一定空隙,以利于通风换气,高可堆 5～8 层,25～40 袋为一堆,依此堆叠为许多堆,每堆之间留通风道。

(2)控制温度　培养室内养菌期间温度保持在 27℃～

32℃，控制温度是养菌期管理重点，当温度低于 20℃或高于 40℃时，菌丝即处于生长停滞状态，所以要经常地观察气温，人为地调节气温，使菌丝正常生长。气温超过 40℃时菌丝层发黄，受到损伤，此时应将堆形排列交叉成“△”形，以疏袋散热，抑制菌温。

(3)通风换气 通风换气可以调节温度，气温高时，在早晨或夜晚通风，气温低时在中午通风，温度高时多通风，除了打开门窗使空气对流外，还可用电风扇降温。

(4)防湿防水 培养袋培养阶段，菌丝生长不需外界供给水分。因此，要求培养室温度适中，空气相对湿度控制在 65%左右，如果培养袋被水淋和场地积水潮湿，会引起杂菌孳生。

(5)遮蔽光线 培养袋培养不需光线，强光照射，会使菌丝老化和生长速度变慢，降低产量。因此，培养室的门窗都应遮光，可用黑色布帘遮光，但要保持通风。

(6)翻堆检查 培养期间要翻堆 2～3 次，每隔 10 天左右翻堆 1 次。翻堆时要上下、里外等相互对调，使菌丝均匀生长。翻堆时要轻取轻放，以防封口胶布脱落，杂菌侵入。胶布脱落，要及时贴上。

翻堆时认真检查污染情况，对被杂菌污染的栽培袋进行分类处理：金福菇对杂菌有较强的抵抗力，培养袋出现局部污染，不影响菌丝生长与出菇；严重污染的，应采取破袋取料，拌以 3%石灰溶液堆闷 1 夜，摊开晒干，重新配料，装袋灭菌再接种培养；一旦发现有红色链孢霉污染的，立即用塑料袋套住搬走，然后用火烧毁，以避免孢子传染。发现菌种不萌发、死菌的，应在无菌条件下重新接种培养。

在上述条件下培养，金福菇菌丝经 25～40 天长满栽培袋，栽培袋呈白色。

7. 覆　土

覆土是金福菇栽培生产的一项重要工艺，金福菇必须在覆土之后才能出菇，未经覆土处理的培养料即使菌丝长得好也不会出菇。

（1）覆土准备　覆土材料是否适宜和消毒质量的好坏，直接影响金福菇的产量与质量。

覆土材料应选用透气性和保水性都好的结构疏松而且不粘连、富含腐殖质的稻田土、菜园土或人工配制的复合营养土、发酵土等。

覆土准备粗土与细土2种：粗土选用土粒直径1.5～2厘米，团粒结构好的土壤，一般取自地面20厘米以下的深层土。细土选用土粒直径0.5～0.8厘米、稍带黏性的、喷水后不会松散与板结、水可以渗入的土壤。

覆土在使用前除经过筛选，土壤内不能混杂有小石块等杂质外，还需经过严格的消毒：每立方米覆土用5千克石灰均匀拌入后，再用0.5千克甲醛加141升水对开，用喷雾器均匀喷入土中，然后将土堆成堆，用塑料膜盖严，密闭3～4天，之后揭开塑料膜，待有毒气体挥发尽后，调节水量，使土壤含水量为60%左右，即以手捏可成团，覆盖时可散开为适宜。也可将覆土堆积为圆锥形，正中挖个直到堆底的洞，按每立方米土500克高锰酸钾和400毫升福尔马林的用量，把高锰酸钾盛放在一个容器中，再把福尔马林倒入，然后立即用塑料膜将整堆土盖严，熏蒸2小时即可杀灭土壤中的杂菌与害虫。

（2）覆土管理　将长满菌丝的栽培袋搬到出菇场地。在畦床坑底及周围喷杀虫剂和pH值为10的石灰水等进行常规消毒后，再将栽培袋的塑料袋割破，脱去塑料袋，取出培养好的菌丝棒，将菌丝棒竖直排放到畦床或菇棚架上，然后进行覆土。

覆土分 2 次进行：先覆土粒直径 1.5～2 厘米的、含水量为 60%的粗土，覆土厚 2.5～3 厘米，覆粗土后关紧门窗，密封菇棚 4～6 天，控制温度在 27℃～32℃，待菌丝爬上粗土 1～2 厘米后，再覆细土。细土要求直径在 0.5～0.8 厘米，含水量也为 60%，细土层厚约 0.5～0.8 厘米，包括粗土与细土的整个覆土层共 3～3.5 厘米厚。覆细土后再关紧门窗密封 1～2 天，菌丝即可长出土层。

如果土层太干，菌丝爬土慢，适当向地面喷水以增加空气相对湿度，但注意切不可向畦床直接喷水；如果土层太湿，必须及时通风，并加大通风量，使土层湿度减小，促使菌丝尽快爬上去。

(3)出菇管理 金福菇有很强的爬土能力，一般覆土后 7～10 天，白色菌丝爬上土面，将土粒长满。此时，应每天开启门窗数次，每次通风半小时，保证充分新鲜空气的供应，促使菌丝健壮生长。如此管理，再过数天，土层表面长满浓白色气生菌丝，菌丝由营养生长阶段进入生殖生长阶段，即出菇管理阶段。

此阶段必须做好以下管理措施，才能使土层内的菌丝受到刺激，进一步形成菌索，很快扭结形成原基。

①控制温度 控制好温度是管理成功的关键，室温应控制在 20℃～28℃之间的一个温度上，最好保持恒温，避免使昼夜温度差不要超过 5℃，温差越大，出菇越困难，日温差超过 5℃，可能导致不出菇，致使栽培失败。

各地区如果日温差过大，应采取人工控温手段防止这个问题，中午温度高时可用空调调节或电风扇吹风乃至喷水降温，夜晚冷时，可采用加温法，用暖空调调节，或用温水加热等。

②通风、见光、喷水　此期间要加大通风，并给予每天1次8～10小时的200勒以上的散射光，空气相对湿度保持在85%～90%，每天轻喷水1～2次，保持土层湿润，以刺激原基形成。

当畦床出现米粒大小的白色原基时，应喷1次出菇重水，一般每平方米用水2～3升，并在2～3天内分多次喷入，以土壤含水量达到手握成团的湿润水平，如此管理，经3～5天，幼菇便陆续长出，成簇发生。金福菇的固有特性是原基发生量大而且常密集成丛。只有处于生长优势的健壮菇蕾才能发育长大，大多数原基都会因得不到足够养分而萎缩死亡，最后只有少数几个原基能发育为成熟的子实体。

在子实体生长发育期间，根据气温和覆土干湿程度，每天应当喷水几次，保持空气相对湿度在85%～95%。

注意事项：一是喷水时必须开门喷水，喷水后再关门，以防止静止的高湿环境妨碍子实体生长；二是喷水的水温要保持在25℃～35℃，防止室温突然上升或下降，造成金福菇枯萎；三是金福菇抵抗低温能力较差，生长的幼菇在低温下会停止生长或致死。因此，出菇期要特别防止低温天气的伤害，出现低温天气应立即采取加温措施。

(4)采菇　金福菇从菇蕾形成至子实体成熟一般需要5～7天，当菌盖肥厚、坚定，菌褶上的菌膜尚未破裂，菌盖尚未完全形成、开伞时，为采收适期。若菌盖直径已长到3～4厘米时，应及时采收。采收过早，影响产量；采收过迟，会降低质量。因此，要把握好采收期。采收时，手握菌柄，先左右旋转，再轻轻向上，整丛拔起。

采完金福菇后，要及时清理覆土面，去除老化和残留菇柄、死菇和残碎菇片，防止害虫和杂菌孳生。同时要用细土将覆土面的低陷处一一补平，防止喷水时该处积水，影响菇蕾发生。

(5)补充营养 金福菇不仅菇体肥大，出菇旺盛，而且菇潮集中、潮次明显。每长一潮菇后，培养料的养分消耗很大。因而在生产每一潮菇后都要及时补充营养物质，这样可以增加下次菇潮时的出菇量，提高菇的质量。

可用于金福菇补充营养的物质有很多种，例如“菇丰保”等菇类生长素。使用“菇丰保”时，除了可以按照使用说明单喷施“菇丰保”营养液外，生产上还常用以下几种肥液配方：一是菇丰保0.2千克，葡萄糖1.6千克，对水100升；二是菇丰保0.2千克，食盐0.5千克，蔗糖0.5千克，对水100升。

采收第一潮菇后，喷施1次以上营养液肥，然后用上述同样方法管理，养菌出菇，7～10天内形成第二批原基，经10～14天后可采第二潮菇。

金福菇在这种栽培方式下，出菇期45～55天，一般可以采收3～4潮，管理得当，生物学效率一般可达90%以上，在高温地区可达110%以上。人工栽培的金福菇子实体比野生的金福菇菇体大，柄较长，色纯白，每丛菇重可达4千克以上，单个菇重可达100～200克。

(四)废菌料栽培金福菇模式

据福建省闽清县江业明2003年2月报道的栽培方法，利用栽培过银耳、茶薪菇、秀珍菇等的废菌料进行金福菇栽培，并应用于大田及菇棚生产,取得了较理想的经济效果和较高经济效益。

1. 培养料配方

废菌料 60%,棉籽壳 20%,麦麸 15%,石灰 2%,过磷酸钙 2%,石膏 1%。

2. 栽培料处理

食用菌废料要求使用前在烈日下暴晒 3～5 天,以杀死其中的杂菌与害虫。然后将主料与辅料混合均匀后加水(料水比为 1∶1.2)拌料,pH 值调至 6～7,拌料后建堆发酵 10～15 天,发酵后再装袋。

3. 装袋灭菌

选用 25 厘米×45 厘米的低压聚乙烯薄膜袋,每袋装干料 1.25 千克。常压灭菌达 100℃时保持 8～12 小时,灭菌后冷却至 28℃,按无菌操作接种,接种后移入培养室,在黑暗、气温 24℃～30℃、空气相对湿度 60%～70%条件下培养,经常通风换气,约 40 天菌丝长满袋。

4. 脱袋覆土

参照半发酵棉籽壳栽培法。

5. 出菇管理

参照半发酵棉籽壳栽培法。

6. 采收补肥

参照半发酵棉籽壳栽培法。

管理得当，生物转化率可达 80%～100%。

（五）日本栽培金福菇模式

据 2001 年福建省三明真菌研究所、我国著名食用菌专家黄年来先生介绍，日本琉球大学、冲绳县林业试验站栽培金福菇的方法要点如下。

1. 金福菇培养料组成

半腐熟堆肥、麦麸、啤酒渣、木屑、棉籽壳、甘蔗渣、碳酸钙等，培养料含水量 63%～68%。

2. 栽培方法

用每袋装 0.8～1 千克的聚丙烯薄膜袋装料。在 120℃ 温度下高压灭菌 1 小时或在 100℃ 温度下常压灭菌 8 小时以上，待栽培袋料温冷却至 28℃ 以下时，在培养料接种穴内和培养料表面接种。然后置于 20℃～25℃ 温度条件下培养 100～120 天后开袋覆土。

3. 开袋覆土

开袋后，在培养料表面覆土，覆土采用疏松、保水力强、消过毒的蛭石、壤土或泥炭土，覆土层厚 1.5～2 厘米。覆土采用蛭石的产量最高，其次是采用泥炭土和壤土，采用海沙的产量最低。

4. 出菇管理及采收

出菇期间室内气温控制在20℃～28℃，空气相对湿度保持在90％。除可以在培养袋内出菇外，还可以将发好菌的培养料从袋内取出，埋入明亮的林地内或放置在室外的花盆中加盖泥炭土出菇。出菇期为30～50天，每300克干料可产鲜菇150～210克，生物学效率为50％～70％。

日本的这种金福菇栽培方法发菌时间长达3个月以上，其原因显然与培养时的室内温度过低有关，如果将培养室温提升至20℃～28℃，最适温度是在25℃～28℃，那么25～28天内菌丝就可以发满袋。

（六）印度稻草栽培模式

据1991年印度园艺研究所Ganeshan. G. 报道的在印度、孟加拉采用的栽培技术要点如下（本文摘自《国外食用菌》，1991.1）。

1. 制　种

母种用麦芽膏琼脂培养基培养，栽培种用高粱粒培养基制作。

2. 稻草加工

用稻草作培养料。将新鲜整株稻草切成2～3厘米长的小段，在水中浸泡过夜后，将湿稻草投入97℃～100℃的沸水中进行巴氏灭菌消毒30分钟，捞出沥去多余水分。

3. 接种养菌

稻草冷却后接种，接入2%高粱粒菌种，将接种后培养料装入30厘米×60厘米的聚乙烯袋中，扎紧袋口。在室温(30℃±2℃)条件下进行发菌培养，培养25～30天后，菌丝在袋内长满，培养料变成纯白色。

4. 覆 土

原基开始形成时，打开袋口，在料面覆盖一层经消毒灭菌的红土，覆土厚3.5厘米，以利于子实体发生，促进出菇。未经覆土的子实体难以长出。红土是在0.137兆帕(1.4千克/平方厘米)下消毒灭菌30分钟，冷却后均匀撒在料面上。

5. 出菇管理

覆土后，在原基发生期间，将培养袋放在温度25℃和空气相对湿度80%的菇房中培养15天。原基成簇发生，平均每袋内会产生5～6个原基，其中每个袋内只有2个左右原基发育成为成熟的子实体，单个菇重100～200克，菇体较大，菇柄较长，色纯白。平均每500克稻草产菇150～200克，生物学效率30%～40%。

6. 翌年栽培

栽培过金福菇的(新鲜)培养料，第二年可继续栽培，在30℃±2℃的气温下形成原基，只有少数发育成熟，平均每750克稻草可产金福菇350～500克，生物学效率46.67%～66.67%。

七、金福菇加工技术

金福菇采下后，宜用箩筐盛装，轻取、轻放，以保持菇体完整，防止互相挤压变形及损坏而降低品质。不宜用麻袋等软包装盛装，以防损伤菇形外观。采下的鲜菇，要按菇体大小进行分类，然后分别装入箩筐内，便于分等加工，进行保鲜或干制。

（一）保鲜加工技术

保鲜技术要求可以最大限度地保留金福菇的自然色泽、良好口感和特有风味，要达到这些要求，就必须建立保鲜库。

1. 建立保鲜库

根据本地区的栽培面积的大小和市场需求的数量确定建立保鲜库的面积。其库容量通常以能容纳鲜菇 2～4 吨为宜。金福菇也可以用水果保鲜库贮藏。

保鲜库内应安装压缩冷凝机组、轴流风机、蒸发器、供热设施、自动控温装置等。

金福菇冷藏保鲜的原理是通过降低环境温度来抑制鲜菇的新陈代谢和腐败微生物的活动使鲜菇在一定的时间内，保持颜色和风味不变。但是，过低的温度也会破坏金福菇的菇体组织，导致营养和风味改变。一般来说，金福菇保鲜库的温度以 10℃为宜。

2. 冷库保鲜

保鲜的金福菇，要求洗去根部黏泥，无虫害，然后根据大小规格分级装入专用塑料筐内，及时送入冷库内保鲜。保鲜库内温度控制在10℃左右，使金福菇菇体组织处于活动停止状态。温度如果高于10℃，菇体组织仍会活动，质量会下降；但温度过低也会破坏菇体组织与营养，影响风味。

3. 包装运送

保鲜包装箱，常采用泡沫塑料制成，内衬无毒透明塑料薄膜，外用瓦楞纸加工制成的纸箱。此外，还有一种小盒包装，采用白色泡沫塑料制作，装入金福菇鲜菇后，用经过药物处理的透明塑料保鲜膜包装。如果采用一般薄膜包装，则需要用真空包装机抽去盒内空气后再包装，然后装入纸箱内密封。注意：以上进行包装时，都应在10℃温度下进行。

鲜金福菇包装好后，采用冷藏汽车在10℃温度下运送。目前，金福菇主要出口销往东南亚等国家。

（二）脱水干制技术

金福菇除上市鲜销外，还可以脱水干制，制成名优特产金福菇干品。

金福菇脱水干制是把采摘下来的新鲜金福菇脱去水分，以使其不发生霉变，从而有利于贮藏和运输。通常情况下，采下的新鲜子实体应在半天之内即予以干制，以免发生变质。

干制前把金福菇用清水洗干净或用小刀削去泥脚，然后放进晒盒中，进行干制。

金福菇的干制方法很多,可用微波干燥、远红外线干燥等,其中采用烘干干制法比较常见。干制时无论采用哪一种方法都不能使干制温度超过 60℃,温度过高,会引起子实体颜色变化,降低品质与经济价值。

1. 微波干燥

微波干燥,使用工业用微波炉进行干制。微波干燥的特点是效率高,水分掌握准确,因而干制品质量高。

2. 远红外线干燥

远红外线干燥,采用远红外线烘箱进行干制。远红外线干燥的特点与微波干燥相似。

3. 烘干干制

将鲜菇按大小分级后摊排在烘筛上,均匀排布,然后逐筛放入筛架上,满架后,把门紧闭。放入筛架时,一般较小,较干的菇要排放于上层筛架上,较大、较湿的菇应排放在下层筛架上,这样,上下可以同时烘干。

烘房起始温度掌握在 40℃,起温过低,菇体细胞继续进行新陈代谢,降低产品质量。一般晴天采收的鲜菇较干,起始温度应高一些,雨天采收的菇较湿,起初温度应低一些。以后每烘 1 小时上升 5℃,直至上升为 65℃为止,然后直至烘干为止。为减少烘干时间,烘房装菇前可先预热到 45℃～50℃。

烘干时,当烘房内空气相对湿度达到 70%时,就要注意开始人工通风排湿,以排除菇体内蒸发出来的水气。如果通风排湿不好,菇体可能变色而降低品质。进风扇与排风扇的调节依菇体湿度和烘房湿度而定,开启太大,会使烘干升温缓慢；开启太小，水蒸气难以排出。

烘干后要求金福菇的含水量不超过13%。

含水量计算公式为：

$$含水量(\%)=\frac{烘前样品重量-烘后样品重量}{烘前样品重量}\times 100\%$$

严格的水分测定方法见附录。

通常用手感法确定金福菇干度，即干燥后用指甲盖顶压金福菇子实体，若稍留指甲痕，感觉略为坚硬，即表明干度可以。手感法应在实践中多次把握才能掌握准确。

金福菇干品保藏时，为防止吸湿受潮霉变，应使用铁皮箱或聚乙烯薄膜包装后密封保存。在包装物内放入无水氯化钙或硅胶，可以延长保藏期。如用真空包装更佳。干品应贮藏在低温、干燥、通风、避光的环境中。

金福菇干品运输时必须采用硬质材料（如木箱、铁柜等）作外包装，以防止受压、变形、破损等而降低质量和商品价值。

八、金福菇常见病虫害及防治对策

病虫害直接影响金福菇制种与栽培生产的成败，防治病虫害是生产栽培技术的重要内容之一，必须十分重视，原则是“以防为主，防治结合”。除了严格按照操作规程进行外，还必须掌握病虫害防治技术，才能取得栽培生产成功。

（一）常见病害及其防治

1. 红色链孢霉菌

红色链孢霉菌，又称脉孢霉菌、串珠霉，俗名红色面包霉、红霉。属于子囊菌亚门，子囊菌纲，粪壳霉目，粪壳霉科，脉孢霉属，是一种子囊菌。

(1)形态特征　红色链孢霉菌为最常见，初期该菌落为白色、粉粒状，呈网状，后为茸毛状；菌丝向四周蔓延，菌丝透明，有分枝、分隔。分生孢子成链状、球形（图 8-1），颜色初为橙黄色，后为橙红色、橘红色。

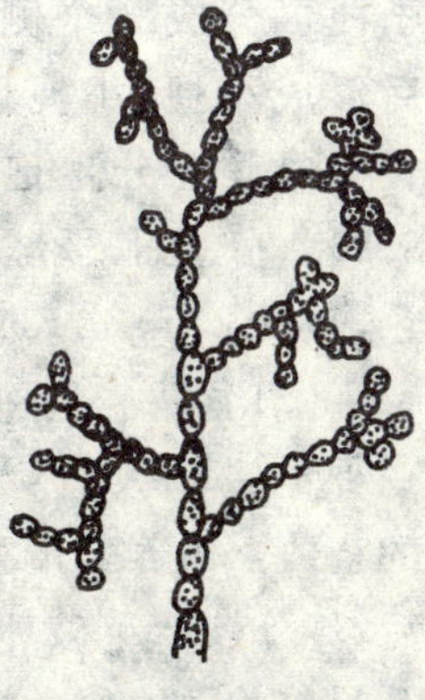

图 8-1　红色链孢霉

(2)危害　红色链孢霉菌蔓延生长速度极快，使培养基呈现大面积红色，受其污染的培养基养分被破坏，产量降低。

(3)发病原因　培养基灭菌不彻底，无菌操作不严格。

(4)防治方法 培养基原料要求新鲜、无霉变，培养基灭菌时间要足够长，严格按要求操作，严格无菌操作；配制培养基时加入50%的多菌灵，按0.1%的配量掺入水中，能有效地控制该菌；采用优质金福菇菌种。

2. 绿色木霉菌

绿色木霉菌，简称绿霉，属于半知菌亚门，丝孢纲，丝孢目，丛梗孢科，木霉属。

(1)形态特征 绿色木霉菌，初期呈白色块状，后产生浅绿色孢子，菌块中央为深绿色，向外为浅绿色或白色粉状，后慢慢变为黄绿色、绿色乃至墨绿色。菌丝有隔膜，向上伸出分生孢子梗，分生孢子梗再分成2个侧枝，最后形成小梗，小梗顶端生长有成簇的分生孢子(图8-2)。分生孢子球形，无色，直径2.5～4.5微米。

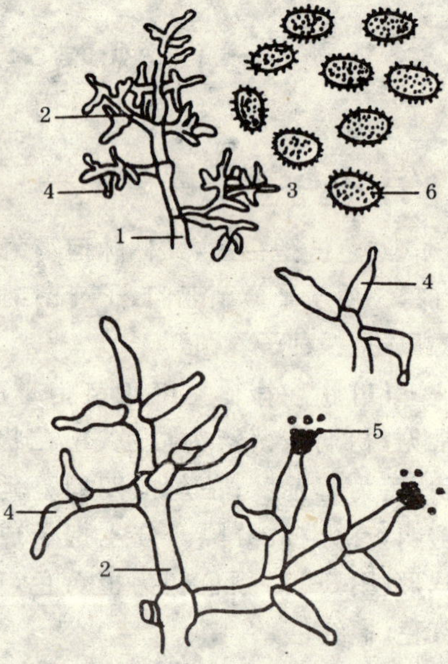

图8-2 绿色木霉菌

1. 分生孢子梗 2. 一级分枝 3. 二级分枝 4. 小梗 5. 分生孢子头 6. 带刺的孢子

(2)危害 绿霉菌是一种危害极大、极为常见的杂菌。培养基产生绿霉后，养分被严重破坏，培养基最终会腐烂，金福菇产量严重下降甚至绝收。

(3)防治方法 培养基灭菌要彻底，严格灭菌操作；菌种制作中如发现绿霉菌，应立即淘汰；如果栽培生产时，菌筒中发现了绿霉菌，可用0.25%克霉灵溶液均匀注射到感染部位，间隔1天，连用2～3次；严重感染者，可适当提高浓度。

3. 病毒病

病毒病又称法兰西病、褐色病、顶枯病、菇脚渗水病等，病毒病几乎危害所有食用菌，可使金福菇品质和产量下降，重者造成绝收。

(1)病菇特征 染病毒的菇体畸形、开伞早、菇盖小且歪斜，最后菇体干缩成海绵状，或病菇出现水浸状条纹，挤压菇柄能滴水，或形成无菇病区，在菇区可见褐色小菇，并提前开伞。

(2)传播途径 主要是空气能传播带病毒的孢子，但昆虫、工具或病菇碎片亦可传播。

(3)防治方法 ①每次播种前，菇房及用具用5%的甲醛溶液进行消毒。②选用抗病毒的金福菇菌种。③染有病毒病的菇房，必须在金福菇开伞前采菇，以防止孢子带病毒扩散。

（二）常见虫害及其防治

金福菇一般不发生虫害，表现出明显的抗虫性，这是由于其菌丝体和子实体中含有氰类物质所致。所以，在金福菇的栽培过程中，一般不必对虫害进行防治，这样也可以保证金福菇产品的安全性，同时也可以降低栽培成本，保护栽培生产人员的安全。但也必须对常见的为害食用菌的虫害及其防治加以了解，不可掉以轻心。

1. 螨　虫

螨虫俗称菌虱，属蛛形纲蜱螨目，有8条足，像蜘蛛，是菌种制作中的恶性有害生物。螨虫种类很多，通常有蒲螨和粉螨2种(图8-3)。

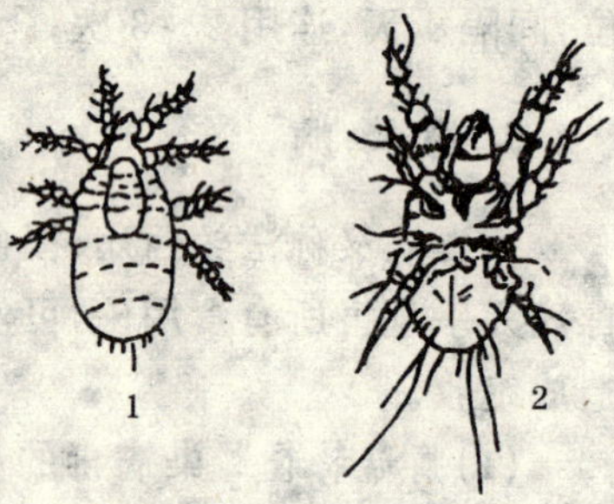

图8-3　螨虫

1. 蒲螨背面　2. 粉螨腹部

(1)形态特征　蒲螨体积很小，长度小于200微米，肉眼难以看到，显微镜下呈椭圆形，淡褐色，体壁毛短，行动缓慢，喜群体生活，常在培养基表面上集中成团，呈咖啡色。

粉螨体积比蒲螨大，体长1毫米，肉眼可见，白色，多时呈粉状，圆形，体壁有若干长毛，单个行动。

(2)为害　螨虫以食菌丝为生，生长很快，繁殖力强，菌种一旦感染螨类，菌丝即萎缩，直至被吃光或死亡，后果十分严重，可能导致绝收。发生螨害，由于螨虫体积小，又躲藏在培养基内，所以难以彻底根除。因此，金福菇生产中，螨类的防治必须以预防为主，应当采取综合性的预防措施。

(3)防治方法

①培养室的选址与消毒　培养室要选取远离饲料、粮食仓库、养鸡场和猪场等适应螨类生活的地方。选定培养室后要打扫干净，进行彻底消毒，消毒剂可选用敌敌畏、乐果等。

②培养室外杀螨　清除培养室外垃圾、杂草等杂物，用马拉松等杀虫剂进行喷洒消毒。

③注意灭蝇　苍蝇可以把螨类带入，可在窗户口安装纱

窗。

④药剂防治　培养基内发现螨虫，可用25%菊乐合酯2 000倍溶液喷洒整个料面及整个培养室。

⑤严格检查菌种　长有螨类的菌种必须废弃，切不可因小失大而造成损失。

2. 苍　蝇

(1)为害　苍蝇在培养基上大量产卵，卵孵化为蝇蛆，以菌丝体为食，导致菌丝体腐烂死亡，栽培绝收。

(2)防治方法　培养室门窗外应安装纱网，防止苍蝇进入；室内如进入苍蝇，可用灭害灵杀灭；培养基内发生蝇蛆，可在料面上喷除虫菊酯等无残留农药，以免污染金福菇子实体。

3. 线　虫

线虫属无脊椎动物的线形动物门，线虫纲，小杆目，滑刃科。

(1)形态特征　线虫呈粉红色，似蚯蚓，是线状蠕虫，但体型极小，长仅1毫米左右，需要在显微镜下才能观察清楚(图8-4)。

图8-4　线虫

(2)为害　线虫为害多种食用菌，由于它繁殖很快，幼虫经2～3天就能发育成熟，并可再生幼虫，因此后果极为严重。受线虫为害的培养基表层变湿、发黑、变黏，菌丝萎缩消失，金福菇小子实体死亡，表面发黏，有腥臭味。

(3)防治方法　用2%甲醛熏蒸栽培场所；对培养基进行高温灭菌，便可以全部杀灭线虫。

4. 蚤　蝇

蚤蝇属昆虫纲，双翅目，芒角亚目，蚤蝇科。蚤蝇是严重为害食用菌的害虫之一，体积小，繁殖力强，栽培场所一旦暴发，常造成严重减产，甚至绝收。

(1)形态特征　蚤蝇卵，白色，光滑，圆形；幼虫，呈蛆形，无足，长 2～4 毫米，乳白至浅黄色；蛹，长椭圆形，土黄色，腹平而背部隆起；成虫，长 1.1～2 毫米，黑色，翅透明或呈白色，爬行迅速，善飞（白翅型例外），见图 8-5 所示。

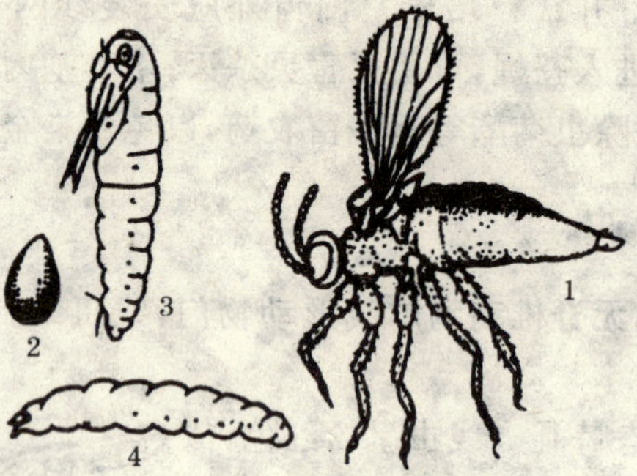

图 8-5　蚤蝇和蛆

1. 蚤蝇　2. 卵　3. 蛹　4. 蛆

(2)为害　蚤蝇幼虫取食绝大多数食用菌的小子实体，使子实体变黄、水肿萎缩，也取食菌丝体，从表层菌向里取食，几天时间就使菌丝衰弱，培养基变黄腐烂，不能长菇或很少长菇，即使长菇也极小，产量大幅度减少。

(3)发病原因　开放式接种而灭虫不彻底，栽培场环境卫生差，导致蚤蝇飞入产卵。

(4)防治方法　培养期间，培养室应定期用食用菌专用杀虫剂 2 000 倍溶液进行杀灭。

5. 菇　蚊

菇蚊又称眼菌蚊，为害多种食用菌。

(1) 形态特征　成虫体长 2 毫米左右，黑褐色，头部长有细长的触角，爬行速度极快。幼虫半透明，身体白色，头部为黑亮色。形态见图 8-6。

(2) 为害　成虫会传播螨类等病害。幼虫会钻入培养料内吃菌丝或将金福菇子实体蛀食成海绵状，降低产量与质量。

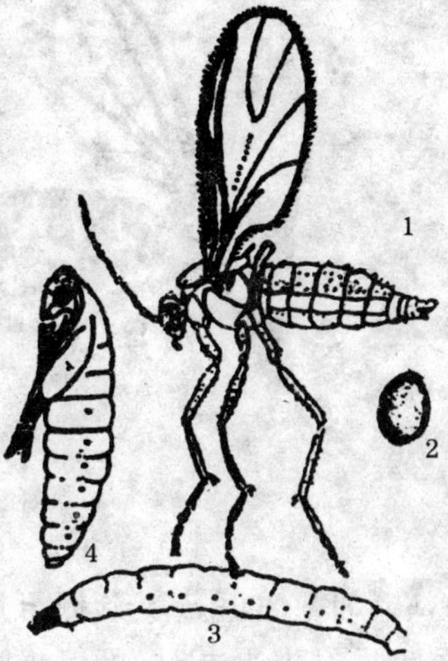

图 8-6　菇蚊

1. 成虫　2. 卵　3. 幼虫　4. 蛹

(3) 防治方法　出菇前发现菇蚊，可喷洒 0.5% 敌敌畏溶液在菇棚内灭蚊，出菇后可喷洒 1∶800 倍除虫菊酯溶液等无残毒的杀虫剂杀灭，也可用黑光灯诱杀。

6. 菇　蚋

菇蚋又称瘿蚊、小红蛆，为害许多食用菌。

(1) 形态特征　成虫呈小蝇状，体长约 1 毫米，头胸部黑色，腹部和足呈橘红色，幼虫初期为白色、纺锤形，以后呈米黄色(图 8-7)。

(2) 为害　幼虫在覆土和培养料之间生存繁衍，导致菌丝长势衰弱，菇蕾枯萎，也蛀食菌柄、菌盖，导致菇质降低。

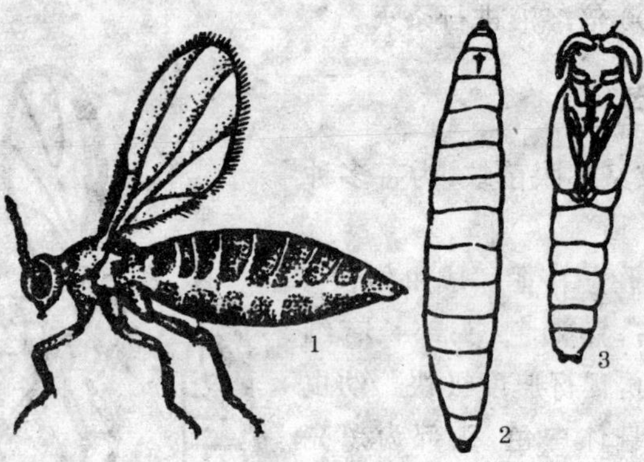

图 8-7　菇蚋

1. 雌虫　2. 幼虫　3. 雄虫

(3)防治方法　菇棚可用敌敌畏 5 克/立方米用量熏蒸。覆土后发生虫害时，可停止喷水，使覆土干燥，以使幼虫因干燥而死亡。

7. 跳　虫

跳虫又叫烟灰虫、香灰虫，属于弹尾目、紫跳虫科，为害大部分食用菌。

(1)形态特征　跳虫密集时形似烟灰或香灰，故又名烟灰虫或香灰虫。幼虫白色，成虫银灰色至灰蓝色，成堆时呈灰蓝色，体长 1.2～1.5 毫米。成虫的尾部极为灵活，弹跳力很强，尤如跳蚤。成虫体具有油脂，不怕水(图 8-8)。

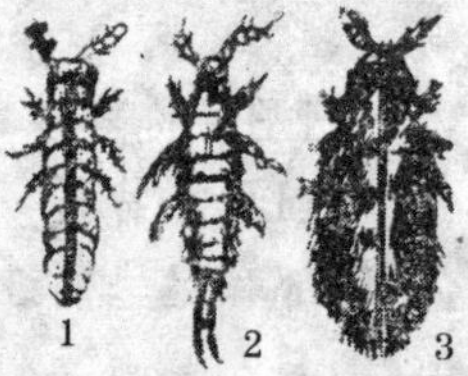

图 8-8　跳虫

1. 幼虫　2. 雌成虫

3. 雄成虫

(2)为害　跳虫生长适宜温度 20℃～28℃，繁殖力极强，每年可发生 6～7 代，喜欢在阴暗潮湿处或菇床表面聚集，像一层烟灰，常集中于接种穴周围为害菌丝，或集中于菇蕾与子实体表面，导致菇蕾死亡及咬食子实体。

(3)防治方法

①菇房灭虫　事先用 500 倍敌敌畏溶液喷洒灭虫，或用 1∶1 000的敌敌畏药液加少量蜜糖诱杀。

②菇床灭虫　栽培床面非出菇期间发生跳虫，可用 0.4%敌百虫或 1∶1 000 的敌敌畏溶液喷洒灭虫；出菇期间发生跳虫，可喷洒 1∶200 的除虫菊酯药液杀灭或可喷洒 0.1%鱼藤精。

8. 蛞　蝓

蛞蝓，又称软蛭、鼻涕虫和水蚰蜒，是一种软体动物，常见的有野蛞蝓、黄蛞蝓和双线嗜菌蛞蝓 3 种。属于软体动物门、腹足纲、柄眼目、蛞蝓科。为害多种食用菌。

(1)形态特征　野蛞蝓身体裸露柔软，无外壳，黄白色、灰褐色、暗灰色或深橙色，有少数不太明显的暗点或斑点，有暗灰色的 2 对触角，外套膜占体长的 1/3，边缘卷起，内有一退化的贝壳盾板。体长 2.5 厘米，伸展时长达 3～4 厘米，宽 0.4～0.5 厘米(图 8-9.2)。黄蛞蝓身体裸露、柔软、无外壳，深橙色或黄褐色，有零星的浅褐色或白色斑点；足淡黄色，黏液淡黄色；触角淡蓝色；体背前端 1/3 处有一椭圆形外套膜，前半部游离，收缩时可覆盖头部，膜内有一石灰质盾板；伸展时体长可达 12 厘米(图 8-9.1)。双线嗜菌蛞蝓身体柔软无外壳，裸露，外套膜覆盖全身，体灰白或淡黄褐色；背部中央有一条由黑色斑点组成的纵带，两边各有一条由黑色斑点组成的纵带；身体前端较宽，后端狭长，尾部有脊状突起；触角 2 对，蓝褐色；黏液乳白色；伸展时体长 3.5～3.7 厘米(图 8-9.3)。

蛞蝓均为湿生性种类，全国各地均有分布，一年繁殖1次，产卵于培养料和覆土缝隙中。

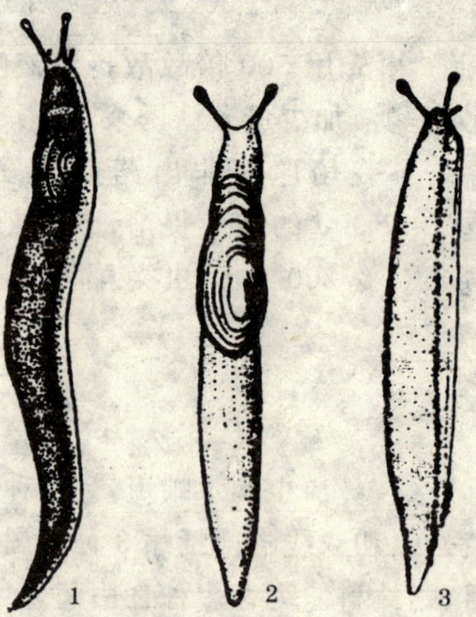

图 8-9　蛞蝓

1. 黄蛞蝓　2. 野蛞蝓　3. 双线蛞蝓

(2)为害　蛞蝓一般白天潜伏在石头、草丛、腐烂的草堆中和阴暗潮湿的地方，夜间出来活动、觅食，吃食食用菌菌体，影响食用菌产量和质量。

(3)防治方法　发现蛞蝓后，可用5%盐水或碱水滴杀，或人工捕捉；夜晚用5%来苏儿溶液喷洒在蛞蝓活动出没场所，或将新鲜石灰粉撒在蛞蝓经常出没处，每隔3～4天撒1次，蛞蝓接触到后，便会死亡。蛞蝓大量出现时，可在米糠内加入2%的砷酸钙或砷酸铅混合成毒饵毒杀，或用多聚乙醛600克、糖100克、5%砷酸钙600克充分混合，再与炒过的米糠或豆饼粉800克混合均匀拌成药丸或药粉，置于菇房四周进行诱杀。

9. 白蚂蚁

白蚂蚁简称白蚁，属于昆虫纲、等翅目、白蚁科。

(1)形态特征 白蚂蚁体长 7.5～8.5 毫米，翅长达 11 毫米，属大翅蚁；头部近圆形，黑褐色，触角为 21 节；蚁体腹部为黄褐色；蚁翅灰白色，近透明，翅的前边为黄褐色(图 8-10)。

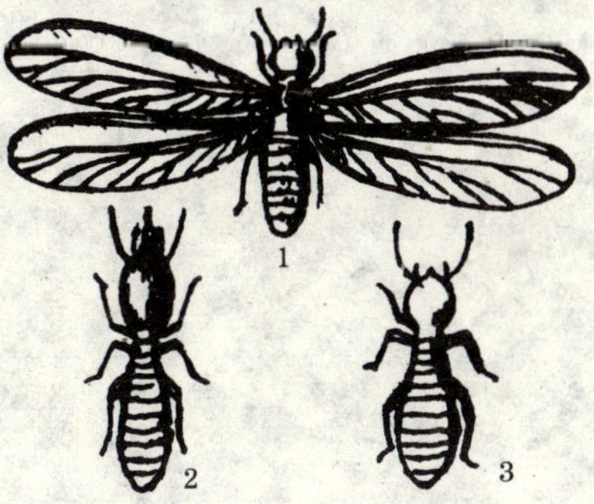

图 8-10 白蚁

1. 母蚁 2. 兵蚁 3. 工蚁

(2)为害 白蚁喜欢阴暗与潮湿，蚁巢一般筑在树的根部或基干部。蚁巢有主副之分，主巢常靠近水源，坚固而隐蔽，内有蚁王、蚁后、卵、幼蚁及部分工蚁和兵蚁，副巢内无蚁王和蚁后。白蚁在野外菇棚发生较多，可取食金福菇菌丝和子实体，降低菇质与产量。

(3)防治方法 在栽培床的地基上可撒用亚砒霜或砷酸钠等杀蚁药拌土。在栽培期间发现白蚁时，可寻找蚁巢，选用"灭蚁灵"饵剂杀灭。"灭蚁灵"饵剂使用方法：在白蚁出没地方，在地表铺一层白蚁喜欢取食的枯枝或杂草，放入饵剂后，压上一层薄土，以保持温、湿度，每 667 平方米放饵剂 60～80

克即可。此外还可将水灌入蚁巢中，淹死白蚁，或可用80%的亚砷酸加入5%的氧化铁和15%的水杨酸，制成毒剂，喷在蚁巢中，每巢喷5～15毫升即可。

附　　录

附录1　干湿温度计的使用方法

1. 使用方法

第一，干湿温度计适宜挂置，不要乱放。并要经常检查是否损坏，如发现损坏，立即更换。

第二，使用前在下面水壶内注入清水，将纱带浸入水壶。

第三，使用时，由于水壶中的水不断蒸发，时间久了会干，温度计就会失去作用，因此，应经常检查和保持水壶中应用水量及清洁。

第四，可用注射器往水壶中注水，容易注入。

第五，各生产厂家制造的干湿温度计略有不同，应按所购买的干湿温度计相对湿度查对表查表说明，此处仅介绍较为通用一般的干湿温度计：

一般正面有两支玻璃刻度计，一边为干表温度计，另一边为湿度计，一般均标为摄氏(℃)刻度，也有华氏(F)的。

2. 查　表

见附表1。

第一，先看干度计中红色液体上升的最高摄氏度数。

第二，再看湿度计中红色液体上升的最高摄氏度数。

第三，干度计度数减去湿度计度数，即为干湿差度。

第四，以湿度计度数和干湿差度为准，从表上查出从干度表的度数与干湿度差度垂直相交处所标数字，即为空气相对湿度的百分值（代表符号为%）。例如，干度计为 22℃，湿度计为 20℃，干湿差度为 22℃－20℃＝2℃。再从表左湿度计为指示温度 20℃的横线查至与干湿差度 2 的垂直相交处，所标数字为“78”，即为空气相对湿度。

附表 1 S-51 型温湿度换算表

温度计指示温度/℃	干湿差度/℃							
	1	2	3	4	5	6	7	8
50	94	88	83	78	73	68	63	58
49	94	88	83	77	72	67	62	58
48	94	88	82	77	72	67	62	57
47	94	88	82	77	71	66	61	56
46	94	88	82	76	71	66	61	56
45	94	88	82	76	71	65	60	55
44	94	87	81	76	70	64	60	54
43	94	87	81	75	70	63	59	53
42	94	87	80	74	69	62	58	52
41	93	87	80	74	68	61	57	51
40	93	87	80	74	68	61	56	50
39	93	86	79	73	67	60	55	49
38	93	86	79	73	67	59	54	48
37	93	86	79	72	66	58	53	47
36	93	85	78	72	65	57	52	46
35	93	85	78	71	65	56	51	45
34	92	85	78	71	64	55	50	44

续附表 1

温度计指示温度/℃	干湿差度/℃							
	1	2	3	4	5	6	7	8
33	92	84	77	70	63	54	49	42
32	92	84	77	69	62	53	47	40
31	92	84	76	69	61	52	46	39
30	92	83	75	68	60	51	44	37
29	92	83	75	67	59	50	43	36
28	91	83	74	66	58	49	42	34
27	91	82	74	65	57	47	40	32
26	91	82	73	64	56	45	38	30
25	90	81	72	63	55	43	36	28
24	90	80	71	62	53	41	34	26
23	90	80	70	61	52	40	33	24
22	89	79	69	60	50	38	31	22
21	89	79	68	59	48	36	28	20
20	89	78	67	57	47	33	26	18
19	88	77	66	56	45	31	23	17
18	88	76	65	54	43	29	20	
17	88	76	64	53	41	26	17	
16	87	75	62	51	39	23	15	
15	87	74	60	48	37	21	13	
14	86	73	59	46	34	17	11	
13	86	72	57	44	32	14	9	
12	85	71	56	42	30	12		

续附表 1

温度计指示温度/℃	干湿差度/℃							
	1	2	3	4	5	6	7	8
11	84	70	54	40	29	9		
10	84	69	52	38	26	6		
9	83	68	50	36	23			
8	82	66	47	34	20			
7	81	64	45	32	18			
6	80	62	42	30	15			
5	79	59	39	27	12			
4	78	57	37	25	10			
3	77	55	34	22	8			
2	76	52	32	19				
1	75	50	29	15				
0	73	47	27	12				

附录 2 水分的严格测定方法

1. 仪器与用具

分析天平(或用可精确称量至 0.01 克的天平),电烘箱,称量瓶(或铝质烘盒),干燥器,坩锅钳。

2. 测定步骤

将称量瓶洗净后,置于 105℃电烘箱中烘干 30 分钟左右，烘至恒重，用坩埚钳取出放入干燥器内冷却，10 分钟后用分析天平称量结果(G_1，克)。

随机抽取 10 克金福菇样品放入已恒重的称量瓶中摊平，加盖，以分析天平精确称量结果(G_2，克)。

揭开称量瓶盖，放入已调节至 105℃的烘箱内，烘 1.5 小时，烘至恒重，盖好瓶盖，移入干燥器中冷却 15 分钟，称量结果(G_3，克)。

3. 计算公式

$$水分(\%)=\frac{G_2-G_3}{G_2-G_1}\times 100\%$$

附录3 pH 值的测定方法

1. 用　品

1～14 的 pH 试纸或其他精密试纸、小镊子、比色板、试样。

2. 方法步骤

取 pH 试纸一张，一端用小镊子夹住，置另一端于试样里蘸一下，立即与比色板比较色泽，确定 pH 值范围。

若试样本身呈色较深，影响比色，观察时以吸上液体的部分进行比较。

附录 4　农药、酒精、盐水等溶液稀释计算方法

1. 十字容量概算法

十字容量概算法，适用于各种农药与溶液稀释计算，但不太准确，不准确的原因是不同溶液混合后的体积并不等于原 2 种溶液体积之和，而是略有差别。计算方法如下：

```
a      c — b
  \   /
    C
  /   \
b      a — c
```

a. 原液浓度

b. 稀释所有溶液浓度，水的浓度为 0

c. 所需要的浓度

例如：用 95％的酒精溶液来配制 70％的酒精溶液。将各数字用上式计算为：

```
95      70
  \    /
    70
  /    \
0       25
```

即将 70 毫升的 95％的酒精溶液加 25 毫升的水混合，即得 70％的酒精溶液。

在用水将浓溶液稀释到稀溶液时，可以直接在量具中稀释，如本例中，在量具中加 95％的酒精溶液为 70 毫升后，再加水到 95 毫升的刻度即可。

用 2 种不同浓度的溶液配制既定浓度溶液时，例如：98％

的酒精和50%的酒精溶液配制70%的酒精溶液时，用上式计算为：

$$\begin{array}{ccc} 98 & & 20 \\ & \diagdown \quad \diagup & \\ & 70 & \\ & \diagup \quad \diagdown & \\ 50 & & 28 \end{array}$$

即用98%的酒精溶液20份与50%的酒精溶液28份混合即得70%的酒精溶液。

2. 混合溶液准确计算

某些试验研究，要求配制的溶液浓度十分准确，则用下列公式计算：

第一，两种浓度不同的同种溶液混合成一定的溶液时，计算公式如下：

$$\text{所需加入浓溶液质量}=\frac{\text{稀溶液质量}\times(\text{所需要的浓度}-\text{稀溶液的浓度})}{\text{浓溶液的浓度}-\text{所需要的浓度}}$$

例如：96%的酒精溶液和50毫升20%的酒精溶液混合成40%的酒精溶液：

$$\text{须加 96\% 的酒精质量}=\frac{50\times(40-20)}{96-40}=17.86(\text{毫升})$$

第二，浓溶液用水稀释成稀溶液时，计算公式如下：

$$\text{稀溶液质量}=\frac{\text{浓溶液质量}\times\text{浓溶液浓度}}{\text{稀溶液浓度}}$$

$$\text{加水质量}=\text{浓溶液质量}\times\frac{\text{浓溶液浓度}-\text{稀溶液浓度}}{\text{稀溶液浓度}}$$

例如：80毫升的95%的酒精溶液，用水稀释成70%的酒精溶液：

$$70\%\text{酒精溶液的质量}=\frac{80\times95}{70}=108.6(\text{毫升})$$

$$\text{加水质量}=80\times\frac{95-70}{70}=28.6(\text{毫升})$$

附录5　高压灭菌蒸汽压力与温度关系表

详见附表2，附表3。

附表2　蒸汽压力与蒸汽温度关系表

蒸汽压力			蒸汽温度/℃
千帕	磅/英寸^2	千克/厘米^2	
0.000	0.000	0.000	100.0
6.895	1	0.070	101.9
13.790	2	0.141	103.6
20.684	3	0.211	105.3
27.579	4	0.281	106.9
34.474	5	0.352	108.4
41.369	6	0.422	109.8
48.263	7	0.492	111.3
55.158	8	0.562	112.6
62.053	9	0.633	113.9
68.945	10	0.703	115.2
75.842	11	0.773	116.4
82.737	12	0.844	117.6
89.632	13	0.914	118.8
96.523	14	0.984	119.9
103.421	15	1.055	121.0
110.316	16	1.125	122.0

续附表 2

蒸汽压力			蒸汽温度/℃
千帕	磅/英寸^2	千克/厘米^2	
117.211	17	1.195	123.0
124.106	18	1.266	124.1
131.000	19	1.336	125.0
137.895	20	1.406	126.0
144.790	21	1.476	126.9
151.685	22	1.547	127.8
158.579	23	1.617	128.7
165.474	24	1.687	129.6
172.369	25	1.758	130.4
179.264	26	1.828	131.3
186.159	27	1.898	132.1
193.053	28	1.969	132.9
199.948	29	2.039	133.7
206.843	30	2.109	134.5

说明:1 磅/英寸^2=0.070 307 千克/厘米^2=6.894 76 千帕

附表 3　空气排除程度与温度的关系表

压力/千帕	压力锅内温度/℃				
	未排空气	排除 1/3 空气	排除 1/2 空气	排除 2/3 空气	排尽空气
34.3	72	90	94	100	109
68.6	90	100	105	109	115
103.0	100	109	112	115	121
138.3	109	115	118	121	126
172.6	115	121	124	126	130
207.0	121	126	128	130	135

附录 6　培养料加水量

详见附表 4。

附表 4　培养料加水量表

要求达到的含水量(%)	每 100 千克干料应加水(升)	料水比(料∶水)	要求达到的含水量(%)	每 100 千克干料应加水(升)	料水比(料∶水)
50.0	74.0	1∶0.74	58.0	107.1	1∶1.07
50.5	75.8	1∶0.76	58.5	109.6	1∶1.10
51.0	77.6	1∶0.78	59.0	112.2	1∶1.12
51.5	79.4	1∶0.79	59.5	114.8	1∶1.15
52.0	81.3	1∶0.81	60.0	117.5	1∶1.18
52.5	83.2	1∶0.83	60.5	120.3	1∶1.20
53.0	85.1	1∶0.85	61.0	123.1	1∶1.23
53.5	87.1	1∶0.87	61.5	126.0	1∶1.26
54.0	89.1	1∶0.89	62.0	128.9	1∶1.29
54.5	91.2	1∶0.91	62.5	132.0	1∶1.32
55.0	93.3	1∶0.93	63.0	135.1	1∶1.35
55.5	95.5	1∶0.96	63.5	138.4	1∶1.38
56.0	97.7	1∶0.98	64.0	141.7	1∶1.42
56.5	100.0	1∶1.00	64.5	145.1	1∶1.45
57.0	102.3	1∶1.02	65.0	148.6	1∶1.49
57.5	104.7	1∶1.05	65.5	152.2	1∶1.52

注：1. 风干培养料含结合水按 13%计

2. 每 100 千克干料应加水量(升)＝[(含水量－培养料结合水)/(1－含水率)]×100%

主要参考文献

1　杨瑞长，蒋逵良．草生菇栽培技术．北京：金盾出版社，1999

2　陈士瑜，陈惠．菇菌栽培手册．北京：科学技术文献出版社，2003

3　陈士瑜．珍稀菇菌栽培与加工．北京：金盾出版社，2003

4　吕作舟，陈立国，谢宝贵．食用菌栽培200题．北京：中国农业出版社，1992

5　河南食用菌协会．食用菌制种技术．郑州：河南科学技术出版社，1994

6　张金霞．食用菌菌种生产与鉴别．北京：中国农业出版社，2002

7　侯光由，李继由等．中国农业气候资源．北京：中国人民大学出版社，1993

8　罗信昌等．食用菌病虫杂菌及防治．北京：中国农业出版社，1994

9　刘培田．食用菌深加工技术．成都：四川科学技术出版社，1992

10　李育岳，汪麟，沈虹．食用菌栽培手册．北京：金盾出版社，2001

11　叶家栋，李亚光，陶鸿等．珍稀食用菌栽培．合肥：安徽科学技术出版社，2001

12　陈士瑜．食用菌栽培新技术．北京：中国农业出版社，

1996

13　江业明.废菌料栽培金福菇技术.食用菌,2003,25(2):38

14　王增术.金福菇菌种培养基对比试验初报.食用菌,2004,26(1):29～30

15　黄年来.适合热带地区栽培的珍稀菇——巨大口蘑.食用菌,2001,23(5):12～13

16　高珠清.巨大口蘑优质高产栽培技术.食用菌,2004,26(5):33

17　周修赵.巨大口蘑的引种栽培试验.食用菌,2004,26(3):13～14

18　郭翠英,沈育芬.大白口蘑厦1菌株的特性研究.食用菌,2002,24(3):11～12

19　王元忠,汤洪敏,虞泓等.野生与栽培巨大口蘑子实体营养成分比较.中国食用菌,2005,24(3):46～47

20　童双利.珍稀食用菌——金福菇.中国食用菌,2005,24(3):43～45

21　陈成弟.金福菇生物学特性及高产技术.食用菌,2002,24(1):12～13

22　郭翠英,沈育芬.大白口蘑菌株"厦3"的分离驯化研究.亚热带植物科学,2002,31(1):14～16

23　王元忠,张振富等.云南珍稀野生菌长柄口蘑生物学研究.云南农业大学学报,2004,19(6):708～710